塩の世界史（上）

歴史を動かした小さな粒

マーク・カーランスキー
山本光伸訳

中央公論新社

両親、ロザリン・ソロモンとフィリップ・メンデル・カーランスキーに
二人は書と音楽を愛することを教えてくれた
そして
私の腕のなかで眠りながら世界を開いてくれた娘タリア・フェイガに

あらゆるものの真の値打ち、それを欲する者にとっての真の価値は、それを得るまでの労苦と困難で決まる。

——アダム・スミス著『国富論』一七七六年

我々の発明と進歩はすべからく、知的生活に物質的暴力をもたらし、人間の生活を物質的暴力の次元におとしめるのだ。

——カール・マルクスの演説、一八五六年

夢は、人々が考えるほど行為とかけはなれてはいない。人間の行為はみな、最初は夢に過ぎない。そして最後に、行為は夢へと溶解していく。

——テオドール・ヘルツル著『古く新しい国』一九〇二年

目次

第二部　ニシンのかがやきと征服の香り

下巻　目次

塩の世界史——歴史を動かした小さな粒　上巻

序章　岩

　スペインのカタロニア地方に、今はさびれたカルドナという炭鉱町がある。私はそこで岩石を買った。この台形の岩石には、雨にうがたれたくぼみがある。ピンク色だが、バラ石英と石けんの中間ぐらいの不透明さだ。石けんと似ているのは、水に溶けるところと、使った石けんのように角が丸く摩滅しているところだ。

　十五ドル近くも払ってしまい、少しばかり高い買い物だった。マグネシウムのようなバラ色を帯びているものの、これはほぼ純粋な塩であり、カルドナの有名な塩の山の一片に過ぎない。隣接する山の頂上に建つ城のあるじたちは、代々このような岩から富を築いてきたのだ。

　私は岩石を家に持って帰ると、窓辺に置いた。ある雨の日、ピンク色の表面に白い塩の結晶があらわれた。岩石は塩の姿をとりはじめ、神秘的な感じは消え失せてしまった。そこで私は水で結晶を洗いおとし、十五分かけてたんねんに水気をふきとった。次の日、岩石は内部から染み出た塩水の水たまりのなかにつかっていた。日光が透明な水たまりに当たっている。二、三時間後、水たまりのなかに四角い白い結晶が出てきた。天日による乾燥が塩水を塩の結晶に変えたのだ。

しばらくのあいだそれは、際限なく塩水の水たまりを作りだす魔法の石のように見えた。それでいて、岩石はちっとも小さくならない。からっとした日には乾いているようだが、湿気のある日には岩石の下に水たまりができる。小型のオーブン・トースターで焼いてみれば乾燥させることができるにちがいない、と私は考えてやってみた。三十分もしないうちに、白い鍾乳石《しょうにゅうせき》がグリルから垂れ下がる。次に岩をスチール製のラジエーター・カバーに載せたが、塩水が金属を腐食させるおそれがあったので、小さな銅のトレーに移した。底に緑色の沈殿物《クラスト》ができ、変色部分をふきとると、銅が磨かれたのがわかった。

私の岩石は自分のルールにしたがって生きているのだった。友人が立ち寄るたび、私は岩石を見せて塩だと教えた。すると皆そっと角をなめて、ほんとうに塩の味がすると言う。塩に魅了されるなんてゆがんだ強迫観念だなどと思うやからは、このような岩石を手に入れた経験がないのだろう。

そのような経験が欠落していた人間に、ジグムント・フロイトの友人、ウェールズのユング派心理学者アーネスト・ジョーンズがいる。イギリスとアメリカに精神分析の恩恵をもたらした先駆者だ。一九一二年、ジョーンズは人間の塩にたいする強迫観念についての論文を発表した――それは、非合理的でもあり性的な無意識でもある病的執着だ、と論じた。自説を証明するため、客に岩塩をなめさせるアビシニア（エチオピアの古称）の風変わりな習慣をあげている。

ジョーンズはこう主張する。「あらゆる時代において、塩は本来の性質をはるかに越える重要性を見出されてきた。それは興味深いことでもあり、重要なことでもある。ホメロスは神のものと呼び、プラトンは神々にとってことに貴重なものであると言った。宗教的儀式、神との契約、魔法の呪文における塩の重要性について、我々はほどなく注目することになるだろう。古今東西共通することであり、人類全体の傾向にかかわる問題であり、特定の地方の習慣、環境、もしくは観念に固有のものではないのだ」

塩は、ジョーンズに言わせれば生殖に関連付けられることが多い。これは塩辛い海に生息する魚が、陸上の動物よりはるかに多くの子を持つことから来たのだろう。塩を運ぶ船にはネズミがはびこりやすく、ネズミは交尾することなしに塩につかるだけで出産できる、と何世紀にもわたって信じられていた。

ジョーンズは、ローマ人は恋する人間を「サラックス」すなわち「塩漬けの状態」と呼んだと指摘する。これは「好色な（salacious）」という単語の語源だ。ピレネー山脈ではインポテンツを避けるために、新郎新婦が左のポケットに塩を入れて教会に行く習慣があった。フランスでは地方により、新郎だけが塩を持っていくところと、新婦だけが持って

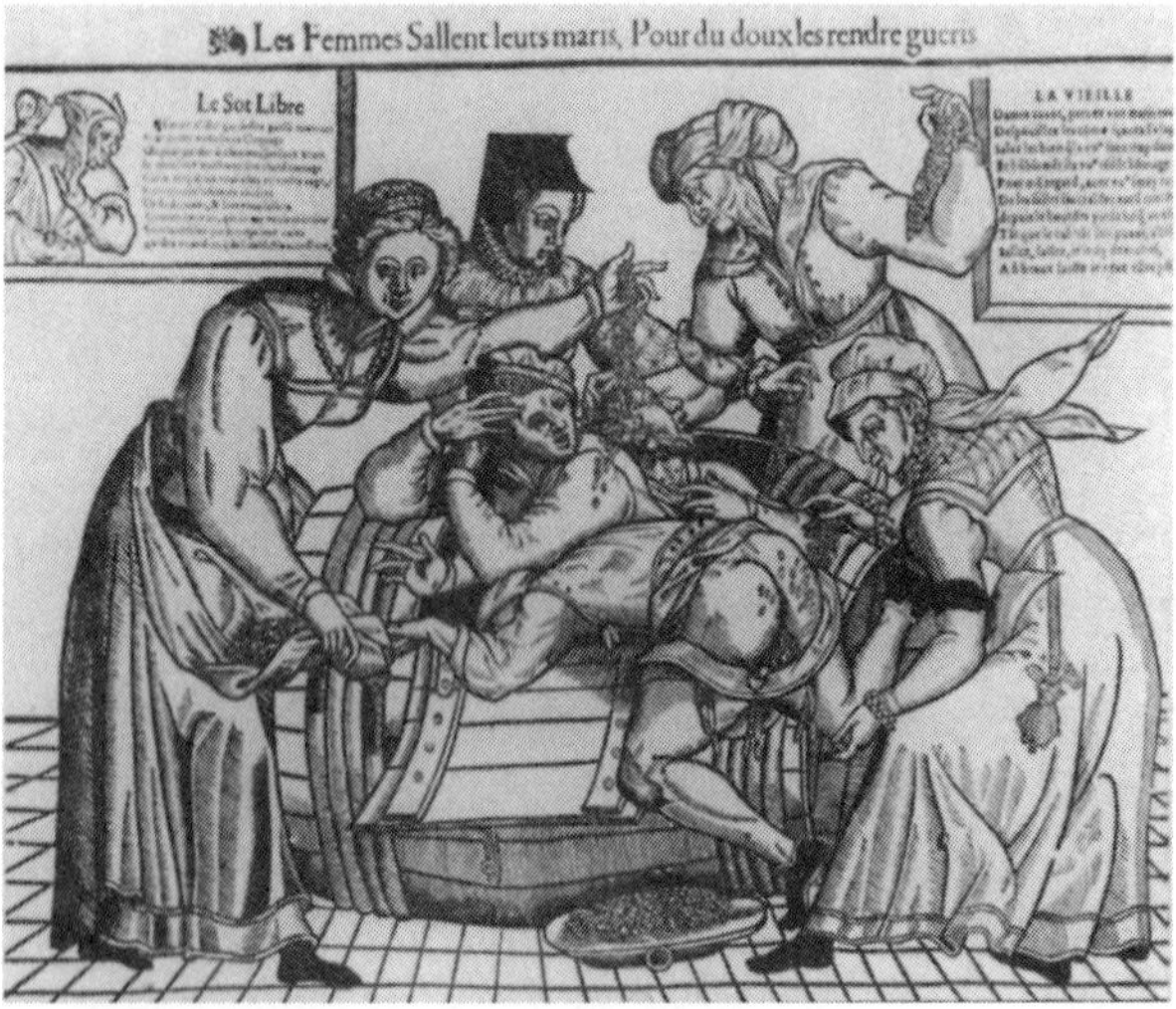

『夫を塩漬けにする女たち』と題された1157年のパリの版画。夫の精力を強める方法が描かれている。かたわらの詩の最終行には、「体の前と後ろに塩をすりこむことで、やっと男は強くなる」とある（パリ国立図書館）

いくところがあった。ドイツでは新婦の靴に塩をふりかける習慣があった。

ジョーンズは自説を展開していく。エジプトで独身の誓いをたてた聖職者は、性欲を刺激するという理由で塩の摂取を避けていた。ボルネオのダヤク族が敵の首を取ってきたときには、性交と塩を控えるおきてがある。ピマ族がアパッチ族を殺した場合、その男と妻は三週間性交と塩をつつしまなければならない。インドのビハールでは「ヘビの神の妻」として知られる聖なる娼婦「ナギン」の女性たちが、定期的に塩の摂取を控え、物乞いをした。彼女らは収入の半分を聖職者に納め、残りの半分で村人に塩と砂糖菓子を買った。

ジョーンズは自説を強調するためにフロイトを引用している。フロイトはその十一年前、『日常生活の精神病理学』のなかで、迷信というものはささいな物質や現象に重要性を与えることから発生することが多い、なぜならそのささいなことというのは何らかの重大事と関連性があるからだ、と述べている。

塩にたいして我々がこれほどまで注目していることを説明するには、我々がもっと重要なこと――強迫観念にも等しいこと――を考えていないかぎり、不可能ではないだろうか、とジョーンズは問う。彼の結論はこうだ。「原始的な精神が塩というものを、精液だけでなく尿の主要な成分と同等にみなしたことを考えれば、いくらでも説明がつく」

ジョーンズがこの本を書いていたのは、科学的説明を渇望する時代だ。精液と尿が、血や涙や汗や人間の体のほとんどあらゆる部分同様に塩を含み、それが細胞の活動に必要な構成要素であるのはまぎれもない事実である。水分も塩分もなかったら、細胞は栄養を得ることができず、脱水症状を起こして死んでしまう。

だが、塩にたいする人間の強迫観念をもっとよく説明するのは、一九二〇年代に入ってからダイヤモンド・クリスタルソルト・カンパニー（ミシガン州セントクレア）が出したパンフレット『ダイヤモンド・クリスタルソルトの百一とおりの使い方』だ。使用法のリストには次のようなものがあった。ゆでた野菜のあざやかな色をもたせる、アイスクリームを凍らせる、クリームの泡立ちを早める、煮立った湯の温度を上げる、さびを落とす、竹製家具を磨く、ひびをふさぐ、白いオーガンジーを強くする、服のしみを取る、油脂から出た火を消す、ロウソクのしずくがたれないようにする、切花の鮮度をたもつ、ウルシを枯らす、消化不良、捻挫《ねんざ》、喉の痛み、耳痛の治療薬。

現在は百一をはるかに越える使用法が知られている。現代の塩産業がよくあげる数字は一万四千とおりで、内容は、薬品製造、冬季の道路凍結防止、肥料、石けん作り、水を軟水にする、織物の染色などである。

塩は、酸と塩基の反応で得られる物質を指す化学用語だ。突然燃えだすことがあるナトリウムという不安定な金属元素は、塩素の名で知られる猛毒ガスと反応すると、必需品の調味料、塩化ナトリウム（NaCl）になる。人類が食する唯一の鉱物の一族だ。塩には何種類もあって多くが食用に適し、また何種類もいっしょに採れることが多い。人間がもっとも好むのは塩化ナトリウムであり、いわゆる塩味がする。ほかの塩には不快なにがみや酸味があるが、それでも人間の食事に役立つこともある。幼児用ミルクには、塩化マグネシウム、塩化カリウム、塩化ナトリウムという三つの塩分が含まれている。

ナトリウムは消化と発汗に欠かせない。体内で作ることができないナトリウムなしには、人体は栄養分や酸素を運ぶことも神経インパルスを伝えることもできず、また心臓をはじめとする筋肉を動かすこともできない。成人の体には、食卓塩の小さな容器に相当する約二百五十グラムの塩分が含まれるが、それは身体機能によってつねに失われていく。失われた分をとりもどすことが必要不可欠である。

フランスには、王女が王に向かって「塩のようにお父様を愛します」と言う民話がある。王は無礼を受けたと思って腹を立て、娘を王国から追放してしまう。のちに塩を得ることができなくなってはじめて、王は塩の価値に気づき、さらに娘の愛情の深さを知る。塩はどこにでもあり、入手しやすく、しかも安価なので、文明の起源から、つい百年前までは、人類史上もっとも渇望されていたものの一つだということを、皆忘れがちなのである。

塩には防腐作用がある。近代に入るまでは、塩を使うのが食料保存のおもな方法だった。エジプト人はミイラを作るのに塩を使った。保存する性質、生命を維持すると同時に腐敗を防ぐ性質が、塩に幅広い比喩的な重要性を与えている。フロイトなら、一見とるに足らない物質、塩への非合理的な傾倒は、我々が無意識のなかで塩と持続性や永久性を結びつけている証拠であり、それは両者とも非常に重要だからだと考えるだろう。

古代ヘブライ人にとっても現代ユダヤ人にとっても、塩とは神とイスラエルとの契約の永遠性の象徴である。ユダヤ教教典トーラ、及び（旧約）聖書の民数記にも、「神の前における永遠の塩の契約」とあり、歴代誌には「イスラエルの神、主が、塩の契約をもって、イスラエルを治める王権をとこしえにダビデとその子孫たちに授けられた（新共同訳）」と記されている。

金曜の晩になると、ユダヤ人は安息日用のパンを塩にひたす。ユダヤ教において、塩は食物の象徴、神の贈り物であり、パンを塩にひたすのはそれを守ること、すなわち神と民との契約を守ることにほかならない。

忠実と友情は塩で固められる。塩の本質は変わらないからである。液体に溶けたとしても、ふたたび蒸発させれば四角い結晶に戻すことができる。イスラム教でもユダヤ教でも、塩は不変であるがゆえに契約の固めとみなす。インドの軍隊はイギリス軍に塩で忠誠を誓った。古代のエジプト人、ギリシャ人、ローマ人は犠牲と供物に塩を使い、塩と水をそなえて神に祈った。これがキリスト教の聖水の起こりと考えられている。

キリスト教において、塩は不滅、永遠性だけではなく、真実や知恵とも結びついている。カトリック教会は、聖水にくわえて聖なる塩「知恵の塩」も施すのだ。

パンと塩、すなわち祝福とその保存は組み合わされることが多い。新居にパンと塩を持っていくのは、中世までさかのぼるユダヤ教の伝統である。イギリスではパンを持っていくことはなかったが、何世紀ものあいだ塩を新居に持参する習慣があった。一七八九年、ロバート・バーンズがエリスランドの新居に越したとき、塩を盛った鉢を持つ親戚の行列をしたがえていた。ドイツのハンブルク市は年一回、人々がチョコレートをかけたパンと砂糖の入ったマジパン製の塩入れを持って通りを歩くことで、祝福という行為に象徴的な新たな一面を与えている。ウェールズには、棺の上にパンと塩を載せた皿を置き、死者への供物を食べてかわりに罪をひきうける、地元の罪食い人がその塩を食べるという習慣があった。

塩は腐敗を防ぐ、つまりものが傷むのを防ぐことができる。中世初期には、北方ヨーロッパの農夫は、人間にも家畜にも有害な麦角による菌性伝染病を防ぐために、穀物を塩水にひたしていた。したがって、アングロ－サクソンの農夫が大地母神の名をとなえ、「色あざやかな作物、大ぶりの大麦、白い小麦、かがやくキビ……」と歌いながら、すきの穴の中に塩入りの魔法の混ぜものを入れたことも、驚くにあたらない。

悪霊は塩を忌み嫌う。日本の伝統芸能では、役者を悪霊から守るために演技の始まる前に舞台に塩をまく習慣があった。ハイチでは、呪文を解いてゾンビを生き返らせる唯一の手段が塩である。アフリカやカリブ諸島には、悪霊は夜になると皮膚を脱ぎ捨てて火の玉となって闇夜をさまようと信じられている地方がある。この悪霊を滅ぼすためには、その皮膚を探し出して塩漬けにし、朝になってもそのなかに戻れないようにする。しかしアフリカ系カリブ人の文化においては、呪文を解くという塩の効力は悪霊だけに限られているわけではない。あらゆる精霊を追い払ってしまうために、塩が儀式で食されることはない。

ユダヤ人もイスラム教徒も、塩は凶眼の魔力を封じ込めると信じている。エゼキエル書には、新生児を悪から守るために塩で体を清める記述がある。新生児の舌に塩を載せたり、体ごと塩水につけたりするヨーロッパの習慣は、キリストの洗礼から来ていると思われる。フランスでは一四〇八年に廃止されるまで、洗礼前の子どもを塩に漬けておく習慣があった。ヨーロッパ各地、とりわけオランダでは、この習慣は赤ん坊のゆりかごに塩を載せるという形をとった。

塩は効力があるいっぽう危険ももたらすので、扱いに注意しなければならない。中世ヨーロッパのエチケットは、食卓で塩にどう触れるかについてやかましかった。塩はナイフの先ですくうもので、けっして手で触れてはならなかった。十六世紀に書かれたユダヤ法教典『準備された食卓《シュルハン・アルーク》』は、塩を安全に扱えるのは中指と薬指の指二本だけだと述べている。親指で塩に触れたら子どもが死に、小指では貧しくなり、人差し指を使えばその者は殺人者になるとしている。

成人に必要な塩の摂取量については、現代科学でいろいろ議論されている。一年に、百四十グラムから七キロ強まで諸説がある。暑い気候のもとでは、とりわけ肉体労働にたずさわる成人は、発汗に際して失われた塩分を補給するために、より多くの塩を必要とする。西インド諸島の奴隷が塩漬けの食料を与えられたゆえんである。だが発汗が少なく赤身の肉を食する場合は、肉食で必要量の塩分を取れるようである。東アフリカの遊牧民族マサイ族は、家畜の血を飲むことで必要な塩分を取っている。菜食はカリウムに富むものの、塩化ナトリウムが不足する。人類史上どの段階の記録を見ても、十七、八世紀の北アメリカ同様、農耕民族は塩作りや塩の売買をするが、狩猟民族はどちらもしていない。ひとたび人類が農耕を始めると、あらゆる大陸で食事に加えるべく塩を探しはじめる。塩の必要性を知った過程は謎である。飢え死にしそうになった者にとっては、食料の必要性は明らかだ。塩分が不足すると、頭痛や疲れを感じたのち、頭がふらふらしてきて、やがて吐き気をもよおす。それが長引けば死に至る。その過程で塩が欲しくなることはないにもかかわらず、圧倒的多数の人間が必要以上の塩を取りたがる。この欲求——人間が塩の味を好むという単純な事実——は、自己防衛本能のなせる業なのだ。

塩の必要性を生み出したもう一つの原因は、野生の動物を狩るより、食肉用に家畜を飼育するようになったことだ。動物にも塩が必要だ。人間同様、野生の肉食動物も肉を食べることで必要な塩分を取ることができる。野生の草食動物は塩をあさりに行く。人間が塩を探す最古の方法の一つは、動物の足跡を追うことだ。そうすれば足跡はどれも塩なめ場、塩泉など塩の出るところに行き着く。だが、家畜には人間が塩を与えなければならない。馬は人間の五倍の塩が必要で、牛は十倍にもなる。

動物を家畜化しようとする試みは、氷河期末期より前に始まったようである。その頃でさえ、人類は動物に塩が必要なことを理解していた。トナカイが人間の暮らすところに来ることが観察されており、そこでは人間の尿が塩の供給源になっていた。人間は、塩を与えればトナカイがやってきて、飼いならすことができることを知ったのだ。この動物は食料になったものの、ほんとうに家畜となることはなかった。

紀元前一万一〇〇〇年ごろ氷河期が終わり、現在のニューヨークやパリも含めた地球上の大部分をおおっていた氷が、徐々に姿を消しはじめた。この頃、小柄であるにもかかわらず機会があれば人間を食い殺す獰猛な捕食者、アジアオオカミが人間の支配下に置かれるようになった。幼獣は人なつこかったので、餌付けされ飼いならされてしまったのだ。危険な敵が忠実な助手となった——犬の誕生である。

氷河が溶けると、広大な穀物の原野があらわれた。人間も、そして野生の羊や山羊も、この原野で食料を得た。おそらく人間はまず、自分たちの食料をおびやかす野生の動物を殺しただろう。だが、こうした原野のそばに住む部族は、飼いならせば羊も山羊も確かな食料源にできることに気がついた。そして犬がその仕事を手伝った。紀元前八九〇〇年には、イラクで羊が飼育されていた。ほかの地域でそれ以前に家畜化されていた可能性もある。

紀元前八〇〇〇年ごろ、近東の女性たちは、原野を切り開いて野生の穀物の種をまきはじめており、農業の起源と考えられている。しかし一九七〇年、ハワイ大学のメンバーがビルマ（現ミャンマー）に遠征したさい、「精霊の穴」と呼ばれる場所で、豆、ヒシの実、キュウリなど栽培野菜と見られる遺物を発見し、放射性炭素による年代測定で紀元前九七五〇年のものだという結果が出た。

　豚の登場はもっと遅く、紀元前七〇〇〇年くらいだ。ただ草を食べさせておくだけではすまず、餌を集めなくてはならない動物を飼育するメリットを見出すまで時間がかかったのだ。紀元前六〇〇〇年になってやっと、トルコもしくはバルカン半島に住む人々が、巨体で足が速く力のあるオーロクスを家畜化するという骨の折れる仕事に成功した。オーロクスの食餌を管理し、雄を去勢し、狭いところに柵で囲い込むことで、人間はついに野生のオーロクスを家畜牛に変えたのだ。家畜牛は人間の主要な食料となったが、ばく大な量の穀物と塩を摂取した。俊足で獰猛だったオーロクスは、十七世紀なかばには狩りつくされ絶滅した。

　穀物と野菜中心で、家畜の肉も食べる食生活の地域では、塩の獲得が必須であり、塩は象徴的な重要性と経済的な価値を帯びるようになった。塩は最古の国際的交易品の一つであり、その生産は最古の産業の一つであり、必然的に国家専売へとつながった。

　塩の探求は何千年にもわたって技術者の腕の見せどころであり、もっとも奇抜な、そしてもっとも精巧な機械の創造をうながしてきた。かずかずの大がかりな公共事業が、塩を運ぶ必要性から考案されてきた。化学と地質学の発達上、最重要事項はつねに塩だった。現在でも残っている主要な交易ルートが確立され、同盟が結ばれ、帝国が救われ、革命が起こった——そのすべてが、大海を満たし、泉から泡立ち、湖底でクラストになり、地表近くの岩の広域に太い筋をなしているものに起因するのだ。

地球上で塩のないところはないと言ってよい。だが、二十世紀に入って現代地質学が解明するまで、塩は死にものぐるいで探し、交易し、戦いとる対象だった。数千年のあいだ、塩は富の象徴だった。カリブの塩商人は家の地下室に塩を貯蔵した。中国、ローマ、フランス、ベトナム、ハプスブルクほかあまたの政府が、軍資金の調達のために塩に税をかけた。兵やときには労働者が塩で給料を支払われた。そして通貨としてもたびたび使用されている。

一七七六年、資本主義を説く論文『国富論』のなかでアダム・スミスは、価値あるものならなんであれ通貨として使われうると述べている。煙草、砂糖、干しダラ、家畜牛を例としてあげ、「アビシニアでは塩が商取引の共通の通貨として使われていた」と書いた。しかしスミスは、たとえその価値がほかの物品と同じく一時的なものであるにせよ、物理的に長持ちするという理由で、最良の通貨は金属だという見解を示している。

今日の我々にとっては、何千年にもわたって人々が渇望し、戦い、買いだめし、課税し、探し求めてきた塩の歴史は、絵巻物のように魅力的であり、いささかばかげてもいる。国家がフランスの海塩に依存することの危険性に警鐘を鳴らす十七世紀のイギリスの指導者は、外国の石油への依存を懸念する現代の指導者よりもこっけいに見える。しかしいかなる時代においても、人間は自分たちが価値があると考えたものにだけ値打ちがあると確信しているのだ。

愛の追求と富の追求は、つねにもっとも魅力的な物語である。だが、ラブストーリーが時を越えたものであるのにひきかえ、富の追求は長い目で見れば、蜃気楼を手に入れるためのむなしい旅でしかないだろう。

第一部　塩、死体、そしてピリッとしたソースにまつわる議論

富が満ちているように見えるときほど、国が貧しいときはない。

——老子の言葉、『塩鉄論』紀元前八一年

第一章　塩に託されたもの

　私は四川省《しせんしょう》の水田のあぜ道に立っていた。やせて年老いた中国人の農夫が、四十年も前の文化大革命初期に毛沢東政府から支給された、色あせた青い上着を着て、ひざまで水につかっている。と、だしぬけに勝ち誇ったように大声で呼ばわった。「わしら中国人はたくさんのものを発明したんだ！」

　中国人は発明に誇りを持っている。毛沢東はもちろん、あらゆる中国の指導者たちが、一度は中国の「世界初」を自慢する演説を始める。近年は新しい発明が枯渇気味ではないかと思われるものの、中国人が製紙、印刷、火薬、コンパスといった歴史上重要な発明をしてきたことには反論の余地がない。

　中国は現存する最古の有文字社会であり、四千年にわたる文献上の歴史は発明の羅列から始まる。いつ伝説が現実と混同され、いつ実在の人物が伝説のヒーローとなったのか、もはや定かではない。中国の歴史は旧約聖書の歴史と同じような幕開けを持つ。旧約世界の皮切りとなる創造の物語でヘブライ人について書かれた最初の文献である「創世記」では、アダムとイブやノアのような実在したかどうかわからない神話的な人間たちが、だんだんとアブラハムの世代に下っていく。

中国の歴史にまず登場するのは、自分の体に巣食う寄生虫から人間を作りだした創造主「盤古《ばんこ》」である。盤古が死ぬと、のちの支配者たちが中国を最初の文明国たらしめるものを発明した。伏羲《ふくぎ》は牧畜を始めた。家庭生活に情熱をそそいだ伏羲は、婚姻制度をととのえたことになっている。次に神農《しんのう》があらわれ、医学、農業、商業を発明した。すきと長柄のくわも作った。そして黄帝《こうてい》が、書道、弓矢、荷馬車、陶器をもたらした。黄帝の数世紀後、名君、堯《ぎょう》が帝位につき、君主の器ではない息子を排し、穏健な賢人、舜《しゅん》に帝位をゆずった。舜は大臣の禹《う》を後継者に選んだ。言い伝えによれば、紀元前二二〇五年、禹は夏《か》王朝を築き、紀元前一七六六年に終わりを告げるこの王朝は文字を生み出す。

中国の塩の歴史は、書道、武器、交通手段をあみだした伝説の王、黄帝の登場で幕を開ける。伝説によると、黄帝はまた塩をめぐる最初の戦争を指揮した人間でもある。

先史時代の中国の製塩所のうち、判明している範囲で初期のものが、山西省《さんせいしょう》北部にあった。乾燥した黄土と砂漠の山からなるこの荒地には、塩湖「運城湖《うんじょうこ》」がある。この地には戦闘が絶えることなく、そのすべてが湖の専有権をめぐるものだった。紀元前六〇〇〇年にはすでに毎年夏、湖の水が蒸発すると人々が水面に浮いた四角い結晶を採っていたというのが、中国の歴史学者たちのあいだでは定説である。中国ではこの方法を、「足でさらって集める」と呼んでいる。湖周辺で発見された人骨はもっと以前のものであり、その時代の住人もまた湖の塩を採っていたと考える学者もいる。

製塩に関する中国最古の文献は、紀元前八〇〇年ごろのもので、当時より千年も前の夏王朝期の海水からの製塩と塩の交易について記している。ここに書かれていることが夏王朝の時代に実際に行なわれていたかどうかはわからないが、文献が作成された頃にはすでに古い方法だと思われていたことは確かである。それは、海水を土器にそそぎ、塩の結晶ができるまで煮詰めるやり方で、この記述の千年後に、ローマ帝国が南ヨーロッパに広めた技術と同じである。

鉄はまず紀元前一〇〇〇年ごろ中国で使われるようになったが、その最初の証拠となったのは製塩のために使われていたというもので、紀元前四五〇年、猗頓《いとん》という人物によるものがはじめてだった。紀元前一二九年に書かれた一節に、「猗頓は鍋で塩を作って名をあげた」とある。この男は鉄鍋で塩水を煮詰めたと考えられている。この方法は、その後二千年にわたり製塩法の主流だった。伝説では、猗頓は鉄職人の郭縦《かくしょう》と仕事仲間で、進取の気性に富む裕福な役人、范蠡《はんれい》とも親しかった。范蠡は魚の養殖を考えだしたと言われ、数世紀にわたり養殖場は製塩所と併設されていた。中国人はのちのヨーロッパ人と同じように、塩と魚は対になるものだと考えたのだ。高名な儒学者、孟子《もうし》（紀元前三七二〜前二八九年）をはじめ多くの中国人が、魚と塩を売って暮らしていたようだ。

長い中国史上、食物に直接塩をふりかけることは、ほとんどなかった。たいていは料理の過程で、さまざまな調味料──塩味のソースやペースト──から塩味がつけられる。塩は高価だから、こういった調味料で薄めて使うという説明がよくなされる。古代地中海から東南アジアまで同様の嗜好《しこう》が見られたが、中国では魚を塩漬けして発酵《はっこう》させた調味料が一番好まれた。これはジャンという。しかし中国では魚を発酵させるさいに大豆が加えられ、やがて魚そのものは材料から消えて、ジャンが「ジャンユ」、すなわち今日の西洋世界で言うところの「醬油《ツイ・ソース》」となった。

大豆は、二粒か三粒がにこ毛におおわれた五センチほどのサヤに入った豆科の植物である。豆の色は、黄、緑、茶、紫、黒で、まだらのものもある。中華料理は大豆料理の多様さでは群を抜いている。醬油は黄色の豆から作るが、ほかの豆も塩入りで発酵させてさまざまなソースやペーストにする。中国で大豆に関する最古の文献は紀元前六世紀にさかのぼるが、大豆は北方からその七百年前に伝わった作物だと記している。紀元六世紀になると、仏教の伝道者が中国の大豆を日本に伝え、宗教も豆もかの地にしっかりと根付いた。それでも十世紀になるまでは、日本人は醬油を作らなかった。ひとたび醬油作りを覚えると、それを産業にして世界じゅうで販売するようになった。

「ジャンユ」と「ショウユ」はずいぶん発音がちがい、ローマ字で書くとまったく関係ない言葉のように見えるが、日本語と中国語では同じ字であらわされる。一九五〇年代の毛沢東の識字率向上政策は、漢字四万字を簡略化してしまった。毛時代以前の大豆をあらわす「豆」という漢字は、土壌を生きかえらせる小さな根の形を示すものだ。大豆は栄養分を土壌に戻し、ほかの作物に栄養を吸い取られてしまった畑を活性化させる。大豆は栄養価が高く、水と大豆と塩さえあれば、人間はかなりのあいだ生きることが可能である。

中国人、そしてのちに日本人が土器で豆を発酵させた方法は今日、乳酸発酵、もっと簡単に言えば「漬物」として知られている。乳酸発酵に最適の温度は摂氏十八度から二十二度のあいだで、地球上のほとんどの場所で簡単に作りだせる環境だ。

大豆

野菜が発酵しはじめるにつれ、糖分が分解し乳酸を生成し、それが保存料の役割を果たす。理論上、漬物は塩なしでもできるはずだが、野菜に含まれる炭水化物とタンパク質は腐敗しやすいので、乳酸のすばやい生成でそれを防がなければならない。塩を入れないと酵母が生じ、発酵の結果、漬物というよりアルコールができてしまう。

野菜の重量に対し〇・八パーセントから一・五パーセン

トの塩があれば、乳酸が生じるまで腐敗を食い止めておくことができる。壺を密閉するか、またはよく行なわれているように野菜が液体に浸っているよう重しをすることで、酸素の混入を防ぐのが乳酸発酵を成功させる秘訣だ。

古代中国人が土器の壺で漬物を作ると、表面にカーム・イーストという白い膜ができた。無害だが味は悪い。二週間おきに布、板、野菜の重しにしている石を洗うか煮沸するかして、その膜を取り除かなければならない。このように手間がかかるため、土器の壺で漬物を作るのは以前よりすたれてしまった。

四川省では、漬物の野菜は今でも食卓に欠かせない。塩をふらない白米といっしょに出される。塩味の野菜は、朝食によく出る、温かいが味付けをしていない米の粥のそっけなさと好対照である。結果として、漬物は白米に塩味をつけることになるのだ。

四川省の省府、成都《せいと》の南に自貢《じこう》がある。丘陵の多い塩の町で、豊富な塩井《えんせい》のおかげで町から市に発展した。人出が多く、狭い下り坂にある中央の露天市場では、今でも塩と二種類の壺漬物の特産品、泡菜《パオツァイ》と搾菜《ザーサイ》を売っている。ガラスの漬物の壺を売っていた女性がパオツァイの作り方を教えてくれた。

壺の三分の二まで塩水を注ぐ。好みの野菜と香辛料を入れて蓋をすれば、一二日で野菜の漬物ができる。

使われるスパイスはたいてい、辛くて赤い四川のトウガラシかショウガだった。ショウガは古代、インドから中国に伝わった多年草のハーブだ。赤トウガラシは今日では四川料理の代表的スパイスだが、十六世紀まで登場しない。ヨーロッパにはコロンブスが、インドにはポルトガル人が、そして中国にはインド、ポルトガル、アンダルシア、バスクのいずれかの人間がもたらしたと言われている。

二日で食べることができるパオツァイは、当然保存より風味に重きを置いて作られる。二日たっても野菜は新鮮味を失わず、塩のおかげで色もよりあざやかになる。ザーサイは塩水ではなく塩を使い、野菜と塩の結晶を交互に重ねて作る。時間がたつと野菜から染み出した水分で塩水ができる。農夫の家に娘が生まれると、毎年一つずつ野菜を漬物にしていき、嫁入りのときにその漬物壺をすべて娘に与える。どれだけ長く漬けておけるかがわかる習慣だ。中世では十二個ないし十五個の壺を持たせることになっていた。現在ではもうすこし多めである。

中国人はまた、壊れやすい卵を運ぶのに塩に漬けるという方法をあみだした。卵を一月以上塩水に漬ける、あるいは短期間塩水に漬けたのち、塩を混ぜた土と麦わらで包むという方法は今でも受け継がれている。黄身があざやかなオレンジ色で固ゆでと同じ固さになった卵は、きちんと取り扱えば壊れることもなく、腐ることもない。もっと複雑な技術として、塩、灰、あく、茶を使った「千年卵」がある。これは詩的な誇張を好む中国人らしい表現で、実際は百日で作ることができ、保存できるのも百日だけだ。ただ、そのころには黄身は緑がかり、においは強烈になっている。

紀元前二五〇年、地中海ではポエニ戦争が戦われていた頃、現在の四川省にあたる蜀《しょく》に李冰《りひょう》という太守がいた。史上最高の治水の天才の一人だ。治水の技術と政治的指導力をかね備えていたのは、干ばつと洪水の絶えない中国を開発するうえで、水の管理が重要な課題だったことを考えれば不思議ではない。

黄河《こうが》は、中国北部を流れ下る黄色い沈泥にちなんでつけられた名で、「洪水の父」として有名だ。黄河と揚子江《ようすこう》は中国史上重要な二大河川で、両方ともチベット高原が源流で中国東海岸に向かってうねっている。黄河は不毛の北方地方を流れているが、沈泥が積もって河床が上がりやすく、河岸に堤防を築かないかぎり洪水が起きてしまう。揚子江はもっと川幅が広く、船舶が航行しやすい支流にめぐまれている。緑が多く降雨量も多い地方を通り、チベット山脈から東シナ海に面する上海まで、面積では世界第三位の国を二分するように流れる。

賢帝であった、堯《ぎょう》の治世は中国の黄金時代だった、という言い伝えがある。その理由の一つが、堯帝が洪水防止策を発案し、自然を管理したことにある。李冰は、洪水を征服し

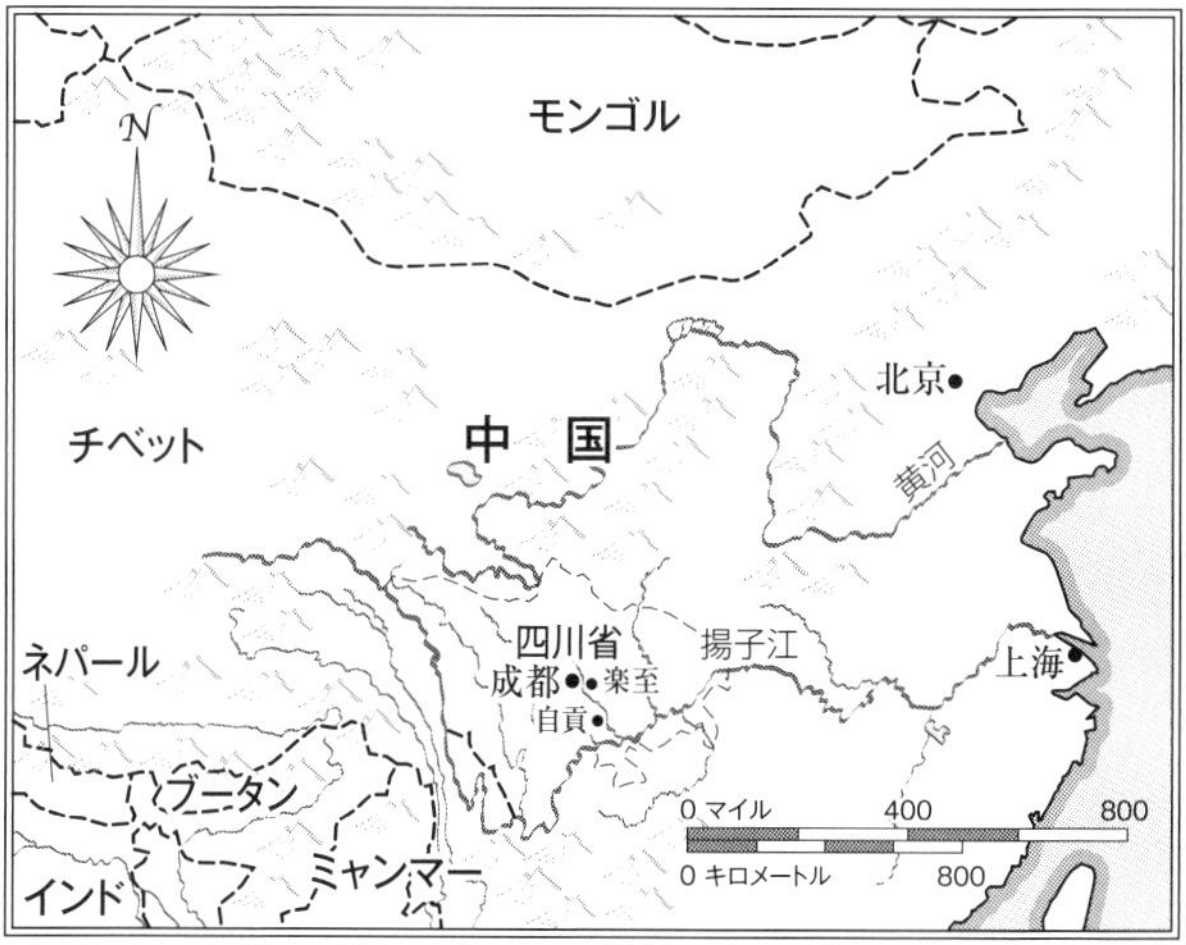

自然を管理した神、という堯の伝説的な面を受け継いでいる。だが伝説上の人物、堯帝とは異なり、李冰の存在は文献で確かめられている。最大の偉業は最古のダム建設で、それは今もなお近代化された形で機能している。李冰は都江堰《とこうえん》と呼ばれる堰堤で揚子江の支流、岷江《びんこう》を二分させた。二分された水流はいくつもの余水路や水路となり、干ばつのときには水門を開いて灌漑《かんがい》し、洪水のときは閉じられるようになっていた。李冰は水中に、水位計として三体の人間の像を建てた。像の足が見えれば干ばつと判断し、水を引くために水門を開けさせた。像の肩が水面下になると、水位が高くなりすぎたとして水門を閉めさせたのだ。

この都江堰というダムのおかげで、四川省東部の平野は豊かな農耕地帯となった。

古代の文献はこの地方を「豊穣の地」と記している。四川平野では現在でもダムが稼動し、農業の中心地となっている。

一九七四年、李冰のダムの河床で、紀元一六八年に彫った水位計が二つ発見された。両者とも、もとの水位計彫刻の代わりのようだった。その一体は、モデルとなった人物を判別できるものとしては中国最古の石の像——李冰の像だ。李冰が最初に使った水位計は洪水防止の神をかたどったものだったが、死後四世紀たつと、彼自身が洪水を防ぐ神の一人とみなされるようになったのだ。

李冰はひじょうに単純だが重要な発見をした。当時、四川はすでに歴史ある製塩地帯として有名だった。紀元前三〇〇年には、塩が作られていたと言われている。塩のもととなる天然の塩水は、それが発見された水たまりにできるのではなく、地下から染み出してくるということに気づいたのは、李冰である。紀元前二五二年、彼は史上はじめて塩井の掘削を命じた。

この頃の塩井は露天掘りのように大きな口が開いており、深さは九十メートルを越えるものもあった。中国人が掘り方を習得するにつれ、井戸はしだいに狭く深くなっていった。ところが、原因はわからないが、井戸を掘ると体が弱り病気になり床に伏せるという症状が見られ、死ぬ者も出てきた。大爆発が起きて作業員全員が死ぬこともあれば、穴から炎が吹き出すこともあった。塩作りをする人々とその共同生活体は次第に、地下世界の悪霊が自分たちの掘る穴から上がってくるのだと考えるようになった。紀元前六八年には、四川とその付近の西安の井戸は悪霊で悪名高くなっていた。年に一度、各地方の太守たちは塩井を訪れて供物をささげた。

紀元一〇〇年ごろ、塩井の労働者は目に見えない物質のせいで障害が生じるのだと考え、悪霊が出る穴を見つけると火をつけ、近くに鍋を置いた。それで料理をすることができた。まもなく泥と塩水で竹管を断熱し、その導管を使って目に見えないエネルギーを煮沸小屋に送ることを覚えた。煮沸小屋には屋根がなく、塩水が蒸発して塩の結晶ができるまで鍋を加熱する。紀元二〇〇年には、ガスの火で直接熱する鉄の鍋が使われるようになった。史上初の天然ガス利用だ。

1974年、灌漑工事の最中に四川の川で発見された像。袖の部分には、「永遠に川を守るために」と彫り込まれている。前面には、「蜀の太守、李冰」とある（アン・パルダン）

塩作りをする人々は狭い口径で掘ることを覚え、塩井をさらに深く掘り進んだ。井戸の口にぴったり入るような長い竹管を使って、塩水をくみ上げる。管の底には皮の弁をとりつけた。長い管が引き上げられるあいだ、弁は塩水の重みで閉じる。管をタンクの上につるして棒でつつくと、弁が開いて塩水がタンクに流れ出すしくみだ。タンクと煮沸小屋は竹の配管でつながっている。井戸の最上部よりやや下に備え付けられた竹の管は、もれ出たガスをやはり煮沸小屋に送る。

おそらく四川ではじめて作られた竹の配管は、塩によって防腐性を与えられたものだった。塩は、腐敗をもたらす藻《も》や微生物を殺す。接合部は泥か、桐油と石灰の混ぜもので密閉された。四川の製塩所の配管をモデルに、中国じゅうに灌漑と配管工事が行きわたった。農場、村そして家屋までが竹管を組み合わせて築かれた。イギリスがノルマン人の支配下にあった中世には、四川出身の官僚、蘇東坡《そとうば》が竹による高度な都市配管システムを確立していた。杭州《こうしゅう》には一〇八九年、広東《カントン》には一〇九六年、大型の竹の給水本管が引かれた。密閉することも空気溜りを取り除くこともできるような風通し穴が設けられていた。

塩作りをする者たちは、まるで巨大なクモの巣のように田園地帯にまで竹の配管を広げていった。重力が利用できそうなところならどこにでも、管が引かれた。湾曲した管はローラーコースターのように上下に走った。

イングランドに攻め入るノルマン人にハロルド王が屈した十一世紀なかば、四川の製塩業者は打撃式掘削技術を開発していた。これはその後七、八世紀にわたり、掘削技術の世界最先端の座にありつづけた。

古代、塩水が流れた竹管。四川省、自貢の写真（1915年ごろ、自貢塩の歴史博物館）

　鋭利な鉄の穂先をつけた重量のある二・五メートルのロッドを落とすことで、直径十センチほどの穴が掘れる。ロッドを竹の管に通すことで、同じ地点を強打しつづけることができた。作業員が木製のレバーに乗り、体重でもう一方の端につけられた二・五メートルのロッドを持ち上げる。鉄の穂先が何度も地面に当たるよう、作業員はシーソーのようにレバーの上で体を上下させる。三年から五年たつと、井戸は数百メートルの深さになり、塩水に行き着くのだ。

　一〇六六年、ハロルド王はヘイスティングズで矢で射ち殺された。中国では、矢はとうの昔の先史時代に黄帝が発明したと信じられている。ハロルド王が死んだ頃、中国人はすでに火薬を使っていた。塩の工業的利用の始まりである。硝石として知られる塩の一種、硝酸カリウムと硫黄、炭素を混ぜると火粉になり、点火するとすばやく膨張しガスとなり爆発を起こすことを発見していた。十二世紀、ヨーロッパの十字軍は、イスラム教徒からのイスラエル奪還を目指しながら果たせなかったが、敵はすでに中国の秘密の火粉の研究を始めていたのだ。

李冰は中国史上でもまれに見る激動の時代に生きた。戦いにあけくれる諸国統合の動きがついに実を結び、中国が統一された。統治の形態と支配者の権利に関する理性的な議論の積み重ねにより、国家統一がなされたのだ。議論の中心は、塩だった。

中国政府は何世紀ものあいだ、塩を国家の財源とみなしてきた。紀元前十二世紀の塩税を論じた文献が発見されている。塩をあらわす古代の漢字は三つの部分からなる象形文字だった。下部は道具、左上は帝国の高官、右上は塩水をあらわす。つまり、「塩」をあらわす漢字そのものが、塩の国家専売を形容していたのだ。

健康のため、そして生存のためにすべての人類が必要とする物質は、多額の税収をもたらす。誰もが買わなければならないので、塩税そのものが国家を支えることになる。

塩税に関する議論の端緒を開いたのは、孔子《こうし》（紀元前五五一～前四七九年）である。孔子の時代、中国諸国の君主たちは今日でいうシンクタンクをかかえていた。選ばれた思想家が君主にアドバイスをし、また思想家同士で議論をするのだ。孔子はこうした知的アドバイザーの一人だった。中国で最初の道徳哲学者、孔子は、人間の欠点をにがにがしく思い、人間の行動の水準を高めたいと考えた。身近な人間に誠意をもって接するのは神をうやまうのと同じくらい大切なことだと教え、親をうやまうことの大切さを特に強く説いた。

孔子の弟子およびそのまた弟子たちは、儒教という思想体系を作りあげた。孔子の孫の弟子の弟子である孟子は、『孟子』によってその教えを伝えた。孔子の思想は『論語』にも記録されており、これは中国の思想および多くのことわざの基底をなすものだ。

孔子から李冰までの二世紀半のあいだ、中国は戦闘にあけくれる小国の集合体だった。支配者が敗れるとその王国は強国に併合され、強国はさらに勝ち残った国と争うのだ。孟子は各国の支配者に、道徳に基準を置く「天命」によって統治せよと説いて歩いた。支配者が知恵と徳に欠けていれば、神の支持を失い権力の座を追われる、というのが孟子の説だった。

北京の塩の歴史学者、郭教授が書いた塩をあらわす漢字。紀元前200年ごろまで使われていた荘子風の書体（郭正忠）

だが法家主義も登場した。法家主義者は、現世での効率的な権力の行使こそが、国家の存続を保証すると考えた。主導者の一人は秦《しん》王朝の顧問をつとめた商鞅《しょうおう》である。商鞅は、年長者や伝統を尊重することと、改革を行ない非効率的な機構を一掃してより効率的、実用的な計画を立てることは、相反しないと説いた。法家主義は、貴族政治の廃止と、能力に応じて報酬を与え昇進させる機能を持つ国家の実現を目指した。

法家主義者はまた、塩について新しい概念を持っていた。中国の塩行政に関して最初に書かれた文献は『管子《かんし》』で、斉《せい》の君主に仕えた宰相、管仲《かんちゅう》（紀元前六八五〜前六四五年）の経済面での助言を載せている。歴史学者のあいだでは、『管子』が実際に書かれたのは紀元前三〇〇年ごろだというのが定説だ。戦国七雄だけは生き残ったが、そのうち法家主義の影響が強かった東の斉は国家存亡をかけての戦いで敗れ去り、西の秦が勝利をおさめた。

管仲の提案の一つに、塩の値段を買値より高くすることで、国家は輸入した塩から利益を得ることができる、というものがある。「こうして、他国が生産したものから収入を得ることができる」さらに、塩ができない地域では、人民が塩不足から体をこわし、高くとも塩を欲しがっていると指摘する。『管子』は、「塩は、我が国の基本的経済を維持する唯一の大きな力である」と結論付けている。

紀元前二二一年までに秦は敵国を滅ぼし、支配者は統一中国初の皇帝となる。中国は一九一一年までこうした皇帝たちの統治下にあった。

斉の政策の基礎となった『管子』の提案は、今や秦とその皇帝の指針となった。秦王朝の特徴は、巨大な公共事業と厳格な法治という法家主義的傾向である。塩と鉄の専売と価格統制により、その価格はひじょうに高く設定された。生活必需品の、最古の国家専売である。塩による収入は軍隊だけでなく、万里の長城のような防衛的建造物の建築にも使われた。万里の長城は、匈奴《きょうど》など騎馬遊牧民が北方から侵入するのを防ぐためのものである。しかし、苛酷をきわめた最初の王朝は十五年しか続かなかった。

代わって紀元前二〇二年に始まった漢王朝は、不評を買った塩の独占を廃止し、賢明な良い政府であることを示そうとした。だが紀元前一二〇年、戦費は累積し、北方の「野蛮人」と戦うための財政は枯渇した。漢王朝は製塩と製鉄を行なう男を召集し、塩と鉄の統制を復活させるべきか否か調べさせた。一年後、皇帝は国家専売を復活させる。

当時中国は、領土拡張、経済的繁栄、交易のどれをとっても地球上でもっとも進んだ文明国だった。中国の領土はローマ帝国の面積をしのいでいた。ローマは各国を征服してやはり権勢を誇っていたが、ガリア人やゲルマン民族の脅威にさらされ、さらに帝国内の紛争にも頭を痛めていた。武帝が砂漠より西への道を求めて特使、張騫《ちょうけん》を派遣した紀元前一三九年、中国ははじめてローマ帝国の存在を知った。張騫は十二年かけて現在のトルキスタンに到着し、帰国すると西方にかなり発達した文明があるという驚くべき報告をした。紀元前一〇四年と前一〇二年、漢の軍隊はサマルカンドを首都とするソグディアナに侵入、ローマ兵の捕虜を含む軍隊を打ち破った。

中国では、それを財源に多くの偉業をなしとげたとはいえ、塩と鉄の専売はまだ論議の的だった。紀元前八七年、四世紀におよぶ漢王朝最高の王とうたわれる武帝が崩御し、八歳の昭《しょう》帝が帝位についた。六年後の紀元前八一年、十代の昭帝は王らしく賢人を集めて塩と鉄の独占について議論させた。国じゅうから六十人のさまざまな考えを持つ名士を召集し、国家行政について御前会議を催させたのだ。

中心となるべき議題は、鉄と塩の国家専売についてだった。だが議論は良き政府についての儒教と法家主義の対決の様相を呈した。それは政府の義務、官対民の相克、軍事費に関わる論理とその限度、政府の経済への介入の権利とその限度にまつわる議論にまで発展した。

六十人の身元は定かではないが、彼らの議論の内容は儒教的見地から『塩鉄論』として記録されている。

孟子に触発された儒教側では、国家はいかにして利益をあげるべきか問われた者が、こう答えた。「なぜ帝王陛下は『利益』という言葉をお使いになるのか？　わたくしが関心を持っているのは良きこと、正しきことだけである。もしも帝王陛下が『どうやって我が国に利益をもたらそうか？』とおおせられるなら、高官たちは『どうやって家族に利益をもたらそう？』と言い、家臣や庶民は『どうやって己れは得をしよう？』と言うようになるだろう。ひとたび優れた者と劣った者が利益を争う事態に立ち至らば、国家は危機に瀕するであろう」

対するは、法家主義者、韓非子《かんぴし》（?～紀元前二三三年頃）の影響を受けた大臣や思想家だ。韓非子はもとは高名な儒学者の弟子だったが、政府の基礎を徳に置くのは現実的でないと考えた。統治の基礎は権力の行使と法に置き、違反者にはきびしい刑罰を科すべきであり、法は国家の利益にかんがみて定め、民は刑罰への恐怖によっておさめられるべきだと信じた。それが実現すれば、「国は豊かになり、軍は強くなるだろう」と主張した。「そうしてはじめて、他国の上に立つことができるのだ」

塩と鉄に関する議論では、法家主義者の意見はこうだ。「目下、万里の長城を守る兵たちが寒さと飢えで死なないようにする良策はない。専売を廃止すれば、国家にとって壊滅的な打撃になるだろう」

だが儒学者は反論する。「真の征服者は戦争をする必要がない。偉大な将軍は軍団を野に放つ必要もなければ、巧妙な戦略を練る必要もない。寛大さをもって統治すれば、天の下に敵はなくなるものだ。なぜ軍費などというものが必要だろうか?」

その答えはこうだ。「強情で無礼な匈奴は、国境を越えることを許されると、我が国の中心地に戦争をもたらし、我が民、我が高官たちを虐殺した。権威への尊敬などつゆほどもない。長きにわたり、匈奴は見せしめの刑にあたいする民族であった」

儒学者側は、国境が永久的な兵の駐屯地になってしまったので、国内の民が苦しんでいると反駁した。「はじめは塩と鉄の独占が有益な手段であっても、長期的には害になるのだ」

国の収入が必要か否かまで論じられた。当時の代表的儒学者、道教を開いた老子が引用されている。「富が満ちているように見えるときほど、国が貧しいときはない」

議論は引き分けとみなされた。だが、十四年間君臨しながら二十二歳で崩御した昭帝は塩と鉄の独占を続け、その後継者もそれを維持した。その次に即位した元帝は、紀元前四四年、独占を廃止する。だがその三年後、三度にわたるトルキスタンのソグディアナへの遠征で国家財政が逼迫《ひっぱく》すると、専売を再開した。君主たちは、軍事活動に影響される国家の財政状況に応じて専売の廃止、復活を繰り返した。紀元一世紀の終わりごろ、儒学者の大臣がまたも廃止を決定して、こう宣言した。「政府の塩の販売は、利益を争う道具としてそれを供することを意味する。それは、賢明な君主にふさわしい手段ではない」

塩の国家専売は六百年にわたり廃止されたが、またも復活する。六一八年から九〇七年まで続いた唐王朝では、国家収入の半分は塩がもたらした。貴族は晩餐の席で、卓上に純粋な塩を出すという法外にぜいたくなまねをして財を見せびらかした。これは中国ではめったにないことだったが、豪華な装飾をほどこした容器に入れたりした。

数世紀のあいだ、人民は幾度も塩の専売に抗議行動を起こした。四川の北方、長安を暴徒が制圧した事件（八八〇年）がその代表である。そして、塩と鉄に関するほかの道徳的、政治的な大問題——利益の必要性、高貴な者の権利と義務、貧者へのほどこし、均衡のとれた予算の重要性、適切な税の負担、無秩序がもたらす危険、そして法による支配と専制の区別――は、今日に至るもすべからく未解決のままである。

第二章　魚、家禽そしてファラオ

北アフリカの東端に、想像を絶する広大な砂漠がある。ナイル川は、両岸からほんの数キロだけ沃野《よくや》をうるおしている。エジプト文明はつねに、うねるように広がる砂漠にはさまれた細長い地帯に栄えてきた。今日急成長しているカイロでも、朝になると、呑み込もうとする大海のように砂漠から強風が砂を吹きつけてくる。

両岸の緑地と砂漠の境目で、エジプト最古の埋葬所が発見された。四川で製塩の最古の記録があったのと同時期で、エジプト新王国やヒエログリフなどがエジプト文明の痕跡を残す以前の、紀元前三〇〇〇年ごろのものだ。この埋葬所の死体はまだ肉と皮膚をとどめている。ミイラではないが、五千年前の死体としては驚くべき保存状態の良さである。乾燥して塩分を含んだ砂漠の砂に保護されたのだろう。そしてこの砂漠の自然現象が、肉を保存するという発想の萌芽となった。

エジプト人にとっては、死体は現世と来世をつなぐ器だった。永遠の生命を得るために、死者の彫像を作りあるいは死者の名前を連呼したが、理想的な条件とは遺体を永久に保存することだった。エジプト文明のあらゆる段階で、墓は二つの部分から成り立っていた。一つは遺体を安置するための地下の玄室部分、もう一つは供え物をするための地上の部分だ。シンプルな埋葬所では、上部はただのふきさらしだった。

上層部を見れば、古代エジプト人が食事の支度と摂取に重きを置いていたことがわかる。ここで葬儀のご馳走が食され、同量のものが供え物として残された。ご馳走と、ときには食事の支度のようすも壁に描かれている。古代エジプトのあらゆる重要な時期に、食事に関する情報を記した墓が築かれた。死者のために描かれたものだったが、おかげで後世の人間は、入念で創意工夫に満ちた古代の料理についてくわしく知ることができる。

貧しい者たちは、パン種を使わないパン、ビール、タマネギぐらいしか食べられなかった。エジプト人は、タマネギの皮の層が宇宙の同心円に似ているという理由で、タマネギとニンニクを食べるとおおいに医学的効果があると信じていた。タマネギはミイラにした死体の、それも眼窩に置かれることが多かった。歴史学の父とされているギリシャの歴史家へロドトス（紀元前四九〇年頃）は、紀元前二九〇〇年ごろに作られたギザのピラミッドについて描写している。壁に刻まれた言葉からすると建造には二十年かかり、建造主は労働者に千六百銀タラントに相当するラディッシュ、タマネギ、ニンニクを与えたらしい。今日のドルに換算すると二百万ドルである。

いっぽう富裕階級は、バラエティに富んだ食事を楽しんでいた。おそらく当時の世界でもっとも進んだ料理法だったと思われる。紀元前二〇〇〇年以前の墓からは、ウズラ、煮こんだハト、魚、牛のリブと肝臓、大麦の粥、小麦のパン、煮こんだイチジク、ベリー、チーズ、ワイン、ビールなどの遺物が出てきた。墓で発見された葬儀の際の供え物には、塩漬けの魚と木製の食卓塩入れがあった。

エジプト人は塩水と酢を混ぜて、のちにローマ人も食すようになるオクサルメというソースを作った。四川の中国人と同じように、エジプト人も塩水や塩に漬けた野菜の味を好んだのだ。「塩漬けの野菜ほどうまいものはない」と書かれた古代のパピルスもある。またエジプト人は、保存した魚や塩水に漬けた魚の内臓から調味料を作った。中国の醬油の前身に似たものだろう。

古代エジプト人は、肉や魚を塩で保存した最初の民族かもしれない。中国では塩漬けの魚の記録は紀元前二〇〇〇年に始まる。エジプトの墓で発見された塩漬けの魚と鳥は、はるかに古い。肉を塩に漬けると、微生物が成長するための水が吸収される。さらに、塩自体が微生物を殺す。古代の塩化ナトリウムから発見された不純物には硝石などが含まれ、これはさらに強力な殺菌力を持つ。タンパク質は熱で溶けるが、塩にも溶ける。したがって塩漬けには加熱調理と似た効果があるのだ。

塩漬けのプロセスに最初に気づいたのがエジプト人であるかどうかはともかく、彼らが大規模に食品を保存した最初の民族であることは確かである。ナイル川両岸の細長い沃野は彼らの食料の源であり、雨が降らずナイル川が氾濫しない年があれば、被害は甚大だった。その対策として、巨大なサイロで穀物を貯蔵するのをはじめとして、エジプト人はあらゆる方法で食料を貯蔵した。食料の供給確保に腐心することで、保存と発酵に関してぼう大な知識を得ることになったのだ。

豚を毛嫌いしなければ、エジプト人はハムを発明していただろう。肉を塩で保存したし、豚を飼育する方法は知っていたのだから。だがエジプトの宗教指導者たちは、豚はハンセン病を媒介すると誤って信じていた。豚を飼う農民をのけ者にしたし、墓の壁面に豚を描くことはなかった。村のはずれでくずや動物の死骸をあさるハイエナを、食肉用に家畜化する試みもあったが、ほとんどのエジプト人にとってはそのような動物を食べるなどぞっとする話だった。ほかにエジプト人が飼育に失敗した動物としては、アンテロープ、ガゼル、オリックス、アイベックス（野生ヤギ）がある。シナイ北部と現在のイスラエル南部にあたるネゲブ砂漠南部では、このような動物相の囲いの遺物、失敗に終わった実験の残存物が発見されている。しかしながら、エジプト人は、アヒル、ガチョウ、ウズラ、ハト、ペリカンといった鳥の飼育には成功した。古代の壁には、家禽をさばき、塩漬けにし、大きな土器の壺に入れるようすが描かれている。

エジプトの偉大な食料庫は、ナイルの湿地帯だった。葦の茂る沼地では鳥が捕れたし、コイ、ウナギ、ボラ、パーチ、ヤガタイサキなどの魚も捕れた。魚の多くが塩漬けにされた。ボラの卵も干して塩漬けにして重しをした。イタリアではボッタルガ（カラスミ）として知られる地中海の珍味の発明だ。

食物に関する大発明はまだある。オリーブの木の実を食べられるようにしたことだ。地中海のあらゆる文化が、自分がオリーブを発見したと主張する。紀元前四〇〇〇年のエジプト人は、神オシスの妻、女神イシスからオリーブの木の育て方を教わったと考えていた。ギリシャにも同様の神話がある。だが、オリーブのヘブライ語「ザイト」はおそらくギリシャ語の「エライア」よりも古く、またナイルの三角地帯の一角の地名サイードに関係があると思われる。みすぼらしいでこぼこした野生のグミからオレア・エウロパエア（オリーブの学名）を作りだしたのは、シリア人かクレタ島人かもしれない。エジプト人はオリーブ油を作るのは不得手で、ほとんどを中東からの輸入に頼っていた。オリーブの木からつんだばかりの実はひじょうに固くてにがく、魅力にとぼしい。食べられるようになるまで時間をかけて実験した人物がいること自体、驚くべきことである。しかしエジプト人は早くから、オリーブの実に特有のにがい糖質、オレウロペインは、水に漬ければ取り除くことができ、さらに塩水に漬ければ実がやわらかくなることを知っていた。塩があれば食用可能になるだけでなく、味が良くなるのだ。

オリーブ作りとオリーブ油作りは相容れないものだ。うまい食用オリーブは油分の含有量が少ない。エジプトのオリーブはこのタイプだったと思われる。古代エジプトの墓の食料貯蔵所にしまわれていたのは、食用オリーブだ。

エジプト人はまた、ふくらませたパンを作りだした。パン種入りのパンを焼くには、大麦やキビなどではなく、グルテンを含む穀物が必要で、紀元前三〇〇〇年ごろのエジプトでは、すりつぶしてのばしてパン生地《ドウ》にすれば、イースト菌から炭酸ガスを取り入れることができるタイプの小麦を改良していた。イーストの種は使い残して酸っぱくなったドウで、これも乳酸発酵の例である。エジプトのパン屋は多様な形のパンを作りだし、ときにはハチミツや牛乳や卵をくわえることもあった。現代のパンと同じく、そのパンのドウは小麦粉、水そして一つまみの塩が材料だ。

紀元前一二五〇年、モーゼがエジプトで奴隷となっていたユダヤ人を導き、シナイ山を越えエジプトから連れ出したとき、ユダヤ人は平たい種なしのパン「マツォ」だけを持っていった。ヘブライ語名は「貧者のパン」を意味する「レチェム・オニ」だ。貧しいエジプト人はいろいろな種入りのパンを食べることはできず、外国人と同じように「タ」と言われる平たいパンを食べた。きめの粗い穀類が使われ、ときにはもみがらが入っていることもあり、「一つまみの塩」などというぜいたく品は入っていなかった。ユダヤの伝説によれば、脱出したユダヤ人が種なしのパンを持って出たのは、パンがふくれるのを待つ時間がなかったからだという。しかし、それは彼らの習慣だったのかもしれず、またエジプト文化や奴隷所有者のぜいたくへの意図的な拒絶だったのかもしれない。種入りのパンと塩による保存は、上流階級のエジプト人を象徴するものだった。

エジプト人は、ナイル・デルタで海水を乾燥させて塩を作った。地中海との交易でも一部入手したかもしれない。アフリカ、とくにリビアとエチオピアから買いつけていたことは確かである。エジプト国内の砂漠にも干上がった塩湖や塩鉱があり、エジプトでは何種類もの塩が採れた。「北方の塩」と呼ばれる食卓塩や「赤い塩」が有名だが、これはメンフィス近くの湖のものと思われる。

化学者が多様な塩の要素の識別や命名を始めたのは、十七、八世紀だ。だが、そのはるか以前から、古代の錬金術師、治療者、料理人たちは、味の異なるいろいろな塩があること、塩にはさまざまな効能の化学物質があることに気がついていた。中国人は、硝石すなわち硝酸カリウムを単離させて火薬を発明した。エジプト人は、自国語でうまく表現することはできなかったものの、重炭酸ナトリウムと炭酸ナトリウムに塩化ナトリウムが少量くわわってできた塩を見つけていた。塩を発見した場所は、カイロから北西六十五キロにある、「ワジ（アラビア語で「涸《か》れ川」の意）」だ。地名がナトルンだったので、その塩にワジのエジプト語「ネトリ」という名をつけた。天然のナトリウムであるナトロンは「白い塩」と「赤い塩」の双方に含まれるが、実際には白ナトロンはたいてい灰色で、赤ナトロンはピンクだ。古代エジプト人は、ナトロンを「神の塩」と形容した。

エジプトの長い葬式は「口開けの儀式」と言われる。新生児のへその緒を切ることで現世の滋養の摂取が始まるのを模倣した儀式で、へその緒を象徴的に切断することで死体が来世で食事ができるよう願ったのだ。紀元前一三五二年ごろ、ツタンカーメン王は十八年の短い生涯を閉じた。一九二二年に発見された彼の墓は、現在のところもっとも入念にかつ良好に保存されたピラミッドだ。墓には象徴的なへその緒切断用の青銅ナイフがあり、その周囲に四つの遺物匣《いぶつばこ》が置かれている。匣の中には、ミイラの保存に欠かせない二種の重要な成分――樹脂とナトロン――を満たしたカップが入っている。

研究者たちのあいだでは、ミイラ作りに塩化ナトリウムが使われたかどうか、意見が一致していない。ナトロン自体が若干の塩化ナトリウムを含み、塩化ナトリウムはすべてのミイラに普通の塩と同じ痕跡を残すため、判断はむずかしい。さほど裕福でない階級の埋葬では、ナトロンの代わりに塩化ナトリウムが使われることもあったようだ。

ヘロドトスはミイラ作りの習慣が始まってから二千年以上ものちの人間だが、古代エジプトのミイラ作りのグロテスクな詳細を記述している。シーダー油を杜松子《としょうし》油とまちがえるような誤記が若干あるものの、その内容はおおむね現代の考古学の解釈や化学分析に匹敵するレベルである。技術的には、鳥や魚の腸《わた》ぬき、塩漬けによる保存とひじょうに似通っている。

最上のやり方は以下のとおりである。鉄の鉤《かぎ》を使い、鼻孔から脳みそをできるだけ取り出し、鉤が届かなかった部分は薬で洗い流す。わき腹を燧石《すいせき》のナイフで切開し、内臓をすべて取り出す。まずヤシ酒で、それからすりつぶしたスパイスの混ぜもので内部を完全にきれいに洗う。純粋なミルラ、カシアほか強い香料を詰める。乳香は使わない。切り口を縫い合わせたのち、体ごとナトロンに七十日漬ける。それ以上はいけない。七十日後、体を洗い、頭からつま先まで、裏側にゴムを塗った帯状のリネンで巻いていく。エジプトでは膠《にかわ》の代わりにゴムが使われることが多い。この状態で遺体は家族に返される。家族は遺体がぴったりはまるような人の形をした木製の棺を用意しておく。

次にヘロドトスは、より安価な方法と簡略化した技術を述べている。

第三の方法は、貧者の遺体を保存するのに使われる。腸内を洗い、遺体をナトロンに七十日漬けるだけだ。

食物の保存とミイラの保存の類似点は、のちの代にも影響した。十九世紀、サッカラとテーベのミイラがカイロに運ばれたとき、市内への搬入許可にあたって、塩漬けの魚とし

紀元前1450年ごろ作られた、アメン神の第二神官プイーエムーレの墓のエジプト風壁画。魚をさばいて塩漬けにするようすが描かれている（メトロポリタン美術館）

て税をかけられている。

鳥肉や魚の塩漬けは、美食の発展以上に経済の発達に利するものだった。古代世界では、エジプトが小麦やレンズマメのような加工しない食物の輸入大国だった。塩は交易にとって貴重な品目ではあるが、嵩張る。塩から製品を作ると、一ポンドごとに価値が上がり、しかも新鮮な魚とちがって塩漬けの魚は、適切に処理すれば腐ることがない。エジプト人は大量の塩を輸出する代わりに、ばく大な量の塩漬け食品、とくに塩漬けの魚を中東に輸出した。塩漬けの食品の交易は、その後四千年にわたって経済活動の中心となった。

紀元前二八〇〇年ごろ、エジプト人は

塩漬けの魚と、フェニキアのスギ、ガラス、そしてフェニキア独自の方法で貝殻から作った紫の染料を交換していた。フェニキアはこれらの製品で貿易大国となったが、それ以前には地中海じゅうで、交易相手のエジプトの塩漬けの魚や北アフリカの塩なども取引していた。

フェニキア人は、もともとはカルメル山北部のレバノン海岸の細長い土地に住んでいた。多人種からなる人々で、セム族はほんの一部にすぎず、彼らはけっして単一民族の国家は作らなかった。地中海沿岸では、文化的にはまずエジプト人それからギリシャ人の生活様式が優勢だった。だが経済的にはフェニキア人が主導権をにぎり、テュロスのような主要な港からさかんに交易に乗り出した。

フェニキア人は出会ったすべての国と交易をした。ソロモン王がエルサレムに神殿を築いたとき、フェニキア人は有名な「レバノン杉」と職人の両方を提供している。旧約聖書には、エルサレムであきなう魚はティルス（テュロス）から来たと記されている。そこで売られた魚はおそらく塩漬けだろう。生の魚だったら、エルサレムに着く前に腐ってしまったにちがいない。

地中海では、大事な食物といえばほとんどが「フェニキア発祥」となる。フェニキア人は地中海世界にオリーブの木を広めたことになっている。スペイン人はフェニキア人が西方アジアの豆、ヒヨコマメを地中海西部にもたらしたと言う。しかし、野生の原種ヒヨコマメは南フランスのカタロニア地方寄りで発見されている。フェニキア人がブイヤベースを考案したというフランス人の物書きもいるが、事実ではなさそうだ。またシチリア島民はフェニキア人がはじめてシチリア島西岸でクロマグロを捕ったと言うが、これは事実の可能性が高い。フェニキア人はまた、魚を保存するために、シチリア島西部、現在のトラパニ付近に製塩所を作った。

地中海沿岸の何カ所もの港で、古代フェニキアのマグロの絵が描かれたコインが発見されている。当時、マグロのなかでもっとも数の多い、すばしこく背中がはがね色のクロマグロは、七百キロはあったと思われる。だがこのことを古代に記した者たちは、クロマグロがドングリを食べていたと信じている。クロマグロは、産卵のために暖流を求め、大西洋をはなれてジブラルタル海峡に入り、北アフリカとシチリア島の西側を通過し、ギリシャからボスポラス海峡を渡って黒海に泳ぎ着いた。この地中海の軌跡に沿って、フェニキア人は漁場を築き上げたのだ。

紀元前八〇〇年ごろ、フェニキア人は今日のチュニジアに定住し、今も栄える港町スファックスを築いた。スファックスは過去も現在も、地中海貿易において塩と塩漬けの魚の供給地である。フェニキア人はまた南スペインにカディスを開き、そこから錫《すず》を輸出した。ポルトガルの船乗りが西アフリカを探検する二千二百年も前に、フェニキア人はカディスからジブラルタル海峡を経由して西アフリカ海岸まで航海していたのである。

フェニキア人はまた、アルファベットの発明者とされている。中国、エジプトでは物質や概念を絵であらわす象形文字が使われていた。中東の国際語となったバビロニア語には大量の文字があり、一字一字が単語や音の組み合わせと対応していた。だがフェニキア人が使っていたのは、古代ヘブライ語の前身となるセム系の言語である。最古の記録としては紀元前一四〇〇年のものがシナイで発見されており、文字数はわずか二十二で、各文字が特定の音をあらわしている。古代の地中海で彼らの交易が栄えたのは、商業の才覚だけでなく、このアルファベットの単純さによるものと考えられる。

スファックスの港から内陸に入ると、乾季には塩が手ですくえる塩湖がある。八千年前に中国の運城湖で行なわれた「足でさらって集める」方法と同じだ。エジプト人は、最初からこの方法でワジのナトロンを集めていた。アラビア人はこのような製塩所を「セブカ」と呼んだ。現代の北アフリカの地図でも、エジプトとリビアの国境からアルジェリアとモロッコの国境まで、すなわちサブカト・シュナインからセブカ・ド・タンドゥフまで、セブカがくっきりと示されている。

今日のリビア南部にあたる古代のフェザン地方は、エジプトほか地中海諸国と通商していた。ヘロドトスは、フェザンでの戦争で馬と戦車（馬で引く二輪のもの）が使われたと書き残しているが、当時それはめずらしいことではなかった。それ以上に馬がよく使われたのは、塩の運搬だ。紀元前三世紀までには、フェザンは塩の生産で有名になっていた。フェザンの製塩業者たちは、セブカを単純にさらうような水準はすでに越えていた。塩クラストを純度の高い結晶になるまで煮詰め、高さ三フィートの白い先細りの円柱型に成形したのだ。商人はこの奇妙に男根じみた形の物体を注意深く麦わらのむしろで巻き、キャラバンで砂漠を運んだ。サハラの一部では、今でも同じ方法で塩を作り運んでいる。

重量、体積ともに大きな塩の交易で利益をあげるには、どんな輸送手段があるかが一番の問題だった。アジア、ヨーロッパ、南北アメリカのほとんどの地域で、水路がその解決法だった。塩は、海に面した港から、または四川のように分岐する河川から運ばれていた。しかしアフリカ大陸では、塩は水のないサハラ砂漠のワジと干上がった湖底にしかなかった。そこであらたに見出された解決法が、ラクダである。

現在知られている最古のサハラ砂漠の旅は、紀元前一〇〇〇年ごろ、雄牛、のちには戦車によるものだ。古代にもサハラ横断の商売は存在したが、ラクダが馬に取って代わった紀元三世紀までは完全に突っ切ることはめったになかった。ラクダは北アフリカ原産で、原種は二百万年前に絶滅した。動物の家畜化としては遅いものの、ラクダは紀元前三〇〇〇年ごろ中東で飼育されるようになった。ラクダが家畜化されてからサハラ砂漠で使われるまで何千年も経ているが、ひとたびサハラ砂漠に登場すると広まるのは速かった。中世までには、のべ四万頭のラクダのキャラバンがタウデニからティンブクトゥまで塩を運んでいた。一月近くもかかる七百キロの行程である。今日でも、ラクダのキャラバンはサハラ砂漠からアフリカ中西部に大きな荷物を運んでいる。交易が盛んになるにつれ強盗もふえ、キャラバンは自衛のため大規模になっていった。塩は南へ運ばれたが、金、コーラナット、皮、綿はハウサランド（現ナイジェリア）から北へ運ばれた。のちには、織物の糊付けに必要なアラビアゴム、ルネッサンス期のヨーロッパ人が夢中になったメレグエタ・ペッパー（西アフリカのオレンジ色の果物の種）などがヨーロッパへの輸出品となった。奴隷もまた同じルートで北へ運ばれ、塩と交換されることもあった。

一三五二年、アフリカ、ヨーロッパ、アジアを旅してきた偉大なアラブの旅行家イブン＝バットゥータは、タガザの町の探訪記を残している。タガザは精巧なモスクも含めて、町じゅうが塩でできていたという。十九世紀にヨーロッパ人がはじめてこの町をおとずれたとき、西サハラの伝説の塩の町はすでに廃墟となっていた。タガザは塩でできた建物がある町としては最古の土地ではない。紀元一世紀、エジプトの岩塩採取について書いたローマの大プリニウスは、塩でできた家について述べている。

タガザは光りかがやく白亜の都市だったとされているが、実際にはサハラの砂が吹きつけ、穴がぽつぽつあいた塩の表面はうすよごれた灰色になっていた。塩の建造物は後世の旅行者を感動させたものの、実情は塩のブロックしか建材が入手できなかったのであり、タガザはおそらくみじめな労働者収容所だったと思われる。そこで暮らすのはほとんどが強制的に働かされる奴隷であり、食料といえばキャラバンに頼るしかすべはなかった。

古代タガザでは、塩は付近の地表から切り出し、ラクダ一頭につき九十キロの固まり二つを運んでいた。この力持ちの動物は、八百キロはなれたティンブクトゥまで荷物を運んだ。西アフリカの交通の中枢をになうニジェール川最北の湾曲部に位置する、交易の中心地だ。北アフリカ、サハラ砂漠、西アフリカの商品が交換され、交易がもたらす富により文化的にも中心地となった。大学都市、学問都市の誕生である。だがタガザの住民にとっては、塩は建材としての価値しかなかった。塩以外何もなかったのだから。

タガザ南部の市場では、塩は同じ重さの金と交換されたと言われているが、それは少々大げさだ。これは、西アフリカ式の沈黙交易を、ヘロドトスをはじめ多くのヨーロッパ人が誤解して出来上がった話である。西アフリカの金産出地域では、金の商人が金を山盛りにすると、塩の商人が塩を山盛りにし、合意に達するまで盛った量を調整する。この間言葉が交わされることはなく、おそらく何日もかかっただろう。塩の商人は夜のあいだに山の量を調整し、誰にも見られることなく立ち去る。たいへんな秘密主義者で、塩の採掘所を知られたくなかったのだろう。このことから、ヨーロッパには、アフリカでは塩は同じ重さの金と交換されると伝わっていた。だが、最後に商談がまとまった時点での二つの山は、けっして同じ重さではなかったと思われる。

古代エジプトにおいて貧者は塩化ナトリウムで、金持ちはナトロンでミイラにされたという事実から、エジプト人がナトロンにより高い価値を置いたことが推測される。しかし古代アフリカでは、その反対のことが散見された。全体として、裕福なアフリカ人は塩化ナトリウムの成分が高い塩を使い、貧者の塩はナトロンだった。西アフリカでは、白いナトロンは、キビやモロコシで「クヌ」と呼ばれる雑穀のケーキを作るのに使われた。この料理に含まれるナトロンは、妊婦の栄養になると思われていた。炭酸がガスの発生を抑えると考えられていたので、塩よりもナトロンで雑穀ケーキを作ることが多かった。当時も現在も、ナトロンは胃の薬、天然の重炭酸ソーダとして用いられている。一時は男性用催淫剤としても服用された。

ティンブクトゥは、塩の交易だけでなく煙草の交易の中心地でもあった。ここでは、煙草とナトロンを混ぜてかむ習慣があった。ハウサ族もまたナトロンでインジゴを液化させて、色留めするのに使い、ナトロンで石けんを、シアバターの実で油を作った。

アフリカの塩の市場にはいつでも、さまざまな塩の混ぜものが並び、その大半は不純物だった。成分のほとんどを塩化ナトリウムが占める塩は、食用のためにだけ供された。塩化ナトリウム、ナトロン、それにさまざまな不純物からなるほかの塩は周辺各地から来たもので、それぞれに名前がついて広く知られていた。アフリカの商人、治療者、料理人は塩の情報に通じていた。「トロナ」は食用に高く評価されていた有名なナトロンの名で、チャド湖岸で集められていた。

アフリカ人は料理によって塩を使い分ける習慣を保ってきたが、どの塩も無駄にしてはならない貴重な物質であることにかわりはない。ナイジェリアの教育家R・オモスンロラ・ウィリアムズは国の独立も間近い一九五七年、主婦向けに料理の本を出版している。ウィリアムズ女史のすすめる塩の使い方には次のようなものがある。

ナイジェリアの各地で、塩は長持ちするよう成形される。塩は使う前にすくってすりつぶさなければいけない。ヨルバ族は「イヨ・オブ」と呼ばれる固まりの塩を使う。それを布で包み、水中で絞る。布がじゅうぶん水を吸い込んだら引き上げてとっておき、また使うのだ。

アフリカ人は、ブレンド塩を使い分けて不純な塩に慣れ親しんできたため、植民地時代にヨーロッパ人が純粋な塩化ナトリウムをもたらしたときも、自分の好みに合わせてほかの塩と混ぜて食べている。

第三章　タラのように固い塩漬け男

一六六六年、『ザルツブルク・クロニクル』紙に次のような記事が載った。

一五七三年、冬の月の十三日、空に衝撃的な彗星《すいせい》が流れた。そして同月二十六日、デュルンベルク山に入って六千三百足分のところから、身長が手の幅九つ分の男が掘り出された。肉、足、頭髪、髭、衣服はいずれも平たくなったようだが傷んではいなかった。皮膚はタラのように、すすけた茶色と黄色が混じり、固い。教会の前に、皆に見えるように横たえられた。しばらくすると体は腐りはじめ、今度こそ永遠の眠りについた。

この男は、オーストリアの町ハライン付近のデュルンベルク鉱山で発見された。「ハライン」は「製塩所」を意味し、「塩の町」を意味するザルツブルクの近くにある。「タラのように」乾燥し塩漬けの状態で完璧に保存された体の主は、髭の男だ。すぐそばでつるはしが発見されており、明らかに鉱夫である。ズボン、ウールのジャケット、革靴、円錐形のフェルト帽を身につけ、綾織で真紅の格子縞が入った衣服の色のあざやかなことは、人々の驚きを呼んだ。塩が色をよく保ったことだけでなく、過去のヨーロッパの人間がこのような華やかな色を好んだとは思われていなかったからだ。一六一六年には、これまた「塩の町」を意味するハルシュタットの付近でも似たような遺体が発見された。

このようなアルペンの塩の山のなかでは、頭上の岩の重みで壁岩が動いて、垂直に掘った坑道がふさがってしまうことがある。岩塩の上を流れていた水は塩水になり、それから結晶化して亀裂を封印する。こうして暗い古代の作業現場に閉じ込められた、三体の先史時代の鉱夫が発見されている。多くの工具、革靴、もとの原色を保った衣服――かつて発見されたなかで最古の、色彩が保存された織物である――、塩塊を地上に運び上げるための背負い袋、たばねて樹脂を塗ったマツの枝の松明《たいまつ》、落盤の警告用と思われる角笛が、いずれも塩につかってよく保存されていた。遺体は紀元前四〇〇年ごろのものだが、山腹のわらぶき屋根の丸太小屋の遺跡から発見された物品のなかには、紀元前一三〇〇年までさかのぼるものもある。

ハラインの色あざやかな服装の塩鉱夫はケルト人だった。エジプト人とちがい、ケルト人は神殿に自分たちの文化を描くことはなく、ギリシャやローマのように歴史を記述することもなかった。ケルト人の守護者はドルイドと呼ばれる神官だったが、記録を書き残していない。我々がケルト人について知っているのは、ギリシャとローマの歴史家の形容、「はでな衣類を着た巨体のおそろしい人々」ということぐらいである。ケルト人は北方の寒い天候のもとでもはだかで暮らす野蛮人だが、肥満を嫌い、旅人を歓待した、とアリストテレスは記している。シチリア生まれのギリシャの歴史家ディオドロスは、こう書いている。「彼らはひじょうに背が高く、白い肌に波打つ口髭をはやしている。髪はブロンドだが、生まれつきのものではない。石灰水で洗って脱色し、額からうしろへたらしている。まるで木彫りの悪魔のようだ。馬のたてがみのようにこわいぼさぼさの髪。きれいに髭をそった者もいるが、たいていは、とくに高い地位にある者は頰をそるだけで口髭を伸ばし、口が全部隠れるほど長くしている。飲食の際には、まるでざるのように細かい粉までなんでも平らげてしまう」

民族性の描写を敵に残されてしまうとは、不運な人々だ。「ケルト」という呼び名すら、彼らが使ったインド－ヨーロッパ語ではなくギリシャ語が起源なのだ。ヘロドトスをはじめとするギリシャの歴史家が彼らに与えた「ケルトイ」という名前は、「人目を避けて暮らす人」を意味する。そこまで謎めいた印象を持っていなかったローマ人は「ガリ」または「ゲール」と呼んだが、これもまたギリシャ語「ハル」が起源だ。ギリシャ人、エジプト人ともに使った言葉だが、「ハル」の意味は「塩」である。彼らは塩の人々だった。ドイツ東部の塩鉱に位置する町の名ハレは、オーストリアのハライン、シュヴァービッシユ・ハル、ハルシュタットと同様の語源を持つ。それはまた、スペイン北部のガリシアや、ハリイチという町が発見されたポーランド南部のガリツィアにも共通する。いずれもケルトの製塩所につけられた名である。

ケルト人の領土の範囲は、現在のハンガリー、オーストリア、バイエルン地方に及ぶ。ライン、マイン、ネッカー、ルール、イザールといった川は、すべてケルト人が命名したと考えられている。古代中国の皇帝と同じように、ケルト人は塩と鉄に経済の基盤を築いたので、この重い商品を運ぶための水路を必要としたのだ。

ケルト人が貿易と征服に利用したのは川である。西はフランス、南はスペイン北部、北はベルギーにまで進攻した。ベルギーという名はケルトの部族名「ベルガエ」に由来する。デュルンベルクの塩鉱の坑道に鉱夫が閉じ込められたころ、ケルト人はイギリス諸島や地中海にまで進出した。紀元前三九〇年にはローマを打ち負かし、馬を駆ってわずか四日間で百三十キロも進んだ。西ヨーロッパでは誰も騎兵隊など目にしなかった頃のことだ。ケルト人は、重量のある武器と戦いの雄たけびで町の住民をおびえさせた。その後四十年にわたってローマを支配し、紀元前二七九年には現在のトルコに侵入した。

ケルトの移動範囲、定住範囲、交易の内容は、正確にはわかっていない。十九世紀になるまで、西洋史上ではケルト人を粗野でおそろしい野蛮人としてかたづけてきた。だが一八四六年、ヨハン・ゲオルク・ラムザウアーという鉱山技師が、ハライン付近のハルシュタット塩鉱一帯で黄鉄鉱の調査にとりかかった。彼が見つけたのは黄鉄ではなく、二体の骸骨、斧《おの》一本、そして青銅の装身具だった。その後さらに貴重品とともに、埋葬された七体の遺体を発見している。このことをウィーンの政府に報告すると、帝国通貨コレクションの主催者から、ひきつづき発掘するための資金が与えられた。ある夏には、五十八基の墓を発見。十六年のうちに、ラムザウアーはたんなる埋葬も火葬もふくめて墓千基を発見し、何千項目にもわたる丹念な目録を作った。友人の画家がそれぞれの墓に番号をふり、水彩画で遺体と埋葬品の記録を残した。ラムザウアーの正確な科学的方法が、考古学という新しい学問分野を開拓したのだ。目録作りの過程で、ケルト文化初期の塩の交易について多くのことが判明した。紀元前七〇〇年から四五〇年ごろまで続いた豊かな初期鉄器時代は、ハルシュタット文化期と命名された。

ラムザウアーがハルシュタットで発見した墓のほとんどは紀元前七〇〇～六〇〇年ごろ、後期のものでも紀元前五〇〇年ごろのものである。紀元前四〇〇年のものとされるデュルンベルクの出土品からは、その塩鉱が重要な塩の供給地となるにつれ、ハルシュタットの塩鉱がかつての地位を失っていったことがうかがわれる。

ラムザウアーの発掘とデュルンベルクの出土品から、標高九百メートルの人里はなれた山中で塩鉱に頼りながら、ヨーロッパ大陸のはるかかなたと交易を行なっていた社会が見えてきた。人々は地中海、北アフリカ、はては近東から得た貴重な品とともに埋葬されていた。ラムザウアーの塩鉱夫に関する調査は今や、北ヨーロッパにおける鉄器時代の野蛮人という概念をくつがえそうとしていた。

西洋人は一九九〇年代に入ってやっと、中国ウイグル自治区のミイラの存在に注目した。ミイラはチベット西部、サマルカンドとタシケントの東、すなわち中国から中央アジアまでのシルクロードに沿うタリム盆地内外でも発見されている。シルクロードは地中海と北京の交易の主要なルートだった。それはまたマルコ・ポーロの通った道でもあるが、タリム盆地のミイラはその三千年前、紀元前二〇〇〇年ごろのものだ。千年さかのぼるエジプト文明初期のものと同じように、死体は塩分の多い天然の土によって保存されていた。

遺体と色あざやかな衣類の保存状態は驚くべきものだった。長身でブロンドかうす茶色の髪のようで、赤紅のストライプが入った脚絆《きゃはん》をはいている。男たちは青、オークル、真毛の髭をはやしている者もあり、女は長いブロンドを編んでいる。この未知の人々は、彼らより二千年後にローマ人が描写した、巨体で金髪碧眼《へきがん》のケルト戦士にひじょうに近い特徴を持つ。円錐形のフェルト帽と綾織のジャケットは、ハラインやハルシュタットの塩鉱夫の衣服に酷似しており、ずっとあとのスコットランド高地のプレード（肩掛《け》）にも近いものがある。赤と青のピンストライプは、デュルンベルクの塩鉱で発見された織物とほとんど同じである。織物史家のエリザベス・ウェイランド・バーバーは、織り方にまでほとんど同一の技量が見られると断言している。ケルト人が活躍する何世紀も前に、アジアの塩分の多い砂漠にケルト的な痕跡が刻まれた理由はしかし、いまだに謎である。

ケルト人らしき遺体がアジアの塩に埋められたころより千三百年後から、ケルト文化の記録が残る数世紀のあいだ、彼らはたいへんな遠距離間の交易と旅をしていた。中央ヨーロッパの豊かな鉱山の塩を売るのがその目的で、エジプト人同様、彼らも塩漬け食品の交易にくらべれば塩だけの交易は利益がないことを知ることになる。

ケルトについて書き残したばかりでなく、ケルトの塩やその加工品と地中海の産物を交換していたギリシャ人、ローマ人によれば、ケルト人は野生、家畜を問わず大量の肉を食べていたようだ。塩漬け肉はケルトの特産品だった。

ローマがついに文化面でケルトを圧倒したとき、「豚」を意味する「モックス」はケルトにとっての商業の神メルクリウスを意味していた。ケルト人は悪意があってこのような命名をしたわけではない。豚を愛するケルト人にとってイノシシの脚は極上の肉であり、戦士のために取っておかれるものだった。紀元前一世紀のギリシャの歴史家ストラボンによれば、飼育された豚の場合でも脚が好まれた。ケルトの西洋文明への貢献として、塩漬けハムの発明をあげていいだろう。

ギリシャに生まれ紀元一世紀のローマに暮らしたアテナイオスは、ケルト人は何よりもハムの上部を珍重し、もっとも勇敢な戦士に与えたと記している。二人の戦士が一切れを争ったときには、決闘で決着をつけた。ハムをめぐる死闘など、多分にギリシャ－ローマ風な誇張だろう。それでも、ケルト人がハムを作り、売り、食べたことは確かである。
数少ないケルト文化の名残として、狩りの獲物の脚を塩漬けにして味わう習慣がある。スコットランドでは、鹿の後脚を塩漬けにする。

　鹿肉は、食料置場で二日つるしたのち塩漬けにする。適当な大きさに切り分ける。清潔でハエがたかっていないか確認すること。ただし、けっして水で洗ってはいけない。キッチンソルト二ポンド、デメララシュガー四分の一ポンド、黒コショウ、スプーン一杯、硝酸カリウム（ナトロン）スプーン二分の一をよく混ぜ、これを肉全体によくすりこむ。同じことを二、三日繰り返す。木製の桶または陶器の壺に入れ、よく押しこむ。十日で食べられるようになる。このように処理した鹿肉は、壺に入れて空気が入らないようにすれば何カ月ももつ。この方法で三週間ほどよく塩漬けした後脚を干せばハムになる。（マーガレット・フレーザー著『高地の料理法』一九三〇年）

エジンバラの図書館司書アネット・ホープは、スコットランドの料理法の収集家でもある。彼女によれば、マーガレット・フレーザーは高地の屋敷の猟場番人の家系だと言う。その料理法のほとんどは鹿肉を扱っているが、ほかの獲物や家畜の脚も同じように調理されたことだろう。砂糖について、フレーザーはイギリス領ギアナのデメラシュガーが使われた可能性に言及しているが、ケルト人は砂糖ではなくナトロンを使ったのではないかと思われる。

初期のケルトの塩鉱夫は、自分たちの山を熟知していた。山麓《さんろく》から掘った水平な坑道は、現場への行き来や大きな岩を動かすには有効でも、豊かな塩の鉱床にたどりつくにはたいへんな長さを掘らなくてはならないことに気づいた。そこで、たくみに急角度に掘り下げることを覚え、鉱夫たちは松明を口にくわえ、塩塊で重い皮の袋を背負い、四十五度から五十五度の急傾斜をよじ登らなければならなかった。ケルト人は当時としては鉄器作りに熟練していたが、つるはしなどの金属の道具は青銅で作った。青銅はもっと原始的な時代から使われていた金属だ。鉄とちがい、青銅は塩にふれても腐食しないことを知っていたようだ。

中央ヨーロッパの先人ケルト人は、火葬した遺体の骨を壺に埋葬したために骨壺葬地《アーンフィールド》の人々としても知られる。彼らは塩鉱以外の場でもかずかずの革新を実行している。北ヨーロッパでは最初に組織的な農業を行ない、肥料や輪作など革命的な発想を実験している。スペイン北部に小麦をもたらした。高度な青銅の鋳物師であり、鉄鉱や鍛職にもすぐれていた。西部ヨーロッパの鉄から、鎖かたびらや敵におそれられた一メートル近くもある剣など多くのものを作りだした。また四輪車の車輪の鉄枠、樽そしておそらく馬の蹄鉄も発明したのではないか。ヨーロッパ人としてはじめて馬に乗ったのも、彼らかもしれない。

ケルト人が得意としなかったのが政治である。皮肉なことに、ケルト人が国家統一を目前にして一世紀も経たないうちに、ユリウス・カエサルがガリアを征服した。ケルトの族長、ウェルキンゲトリクス（戦士の王の意）は、アレジア（現セーヌ川下流のアリーズ‐サント‐レーヌ）でローマ軍に対抗すべくケルトの多くの部族から戦士を召集した。その父親も紀元前八〇年に同じ試みをしたが、失敗に終わっている。

カエサルによれば、包囲されたケルト人は自暴自棄のあまり年寄りの非戦闘員を食べるべきかどうか議論するに至ったが、ウェルキンゲトリクスの呼びかけに応じて、四十一の部族が八千の騎兵と二十五万の歩兵からなる救援隊を送ったという。

アポロの顔と「ウェルキンゲトリクス」の銘があるアヴェルネス族のスタテル金貨（グレンジャー・コレクション）

歴史家のなかには、ケルト軍がアレジアで勝利をおさめていれば、ケルト連合国家が創設されたとする向きもある。だが勝利したのはローマ軍であり、ケルトを制圧してその歴史を書き残したのだ。

華やかな衣装で知られるにもかかわらず、ケルト人は戦闘時、角型のかぶとを除けば半裸だったと記されている。おそろしい戦いの雄たけびと代々伝わる恐怖の歌が聞こえてくれば、狂暴な攻撃の前ぶれだった。ローマ人によれば、ケルト人は狂乱状態で戦った。そして大きな鉄の剣で敵の首をぶった切り、それを家に飾ったり馬のたづなに数珠つなぎにしたりした。ウェルキンゲトリクスは情け容赦のない指揮官であり、是が非でも人民をローマ軍から救い出すつもりだった。勝利を目指し、行く手の町を滅ぼし敵をなぎ倒さんとした。

だが彼が戦った相手は、ユリウス・カエサル率いるローマ軍団だった。ローマの歴史家プルタルコスは、カエサル配下のローマ軍は、十年にもおよぶガリア遠征のあいだに八百の町村を滅ぼし、三百万人を奴隷にしたと推定する。

ローマの遠征が終わると、生き残ったケルト人は遠く大西洋沿岸に離散していた。イベリア北部、ブルターニュ半島、イングランドのコーンウォールの先端部、ウェールズ、アイルランド、スコットランド、マン島。この一群の集団はのちの国民国家の年代記編者からは、イギリス、フランスまたはスペインといった偉大な国家の建設への抵抗者として扱われた。

ローマの勝利は圧倒的だった。ケルトの発明した塩鉱、鉄、農業、貿易、騎馬は、いずれもローマ帝国を豊かにした。その塩鉱はローマの富の一部となり、そのハムはローマの食事に欠かせないものとなったが、それらがケルトのものだったことはほとんど忘れられてしまった。ケルト人は革新者であり、ローマ人は国家の建設者だったのである。

第四章　塩ふりサラダの日々

ローマ人は民主制、一般市民の諸権利、そして一時は共和制も礼賛した。しかし、この理想のいずれもろくに実践していない。ローマの歴史は、特権を持てる貴族と持たざる平民の争いの連続である。平民は権利を求めて戦い、貴族は平民を排除すべく奮闘した。ローマの貴族は平民にささいな権利を与えることで、自分たちの特権を守ろうとした。このような魂胆から、貴族はすべての人間に塩は権利として与えられると主張した。「コモンソルト（人民の塩、つまり食塩の意）」とは、ローマの発想なのだ。

貴族は材料にも盛りつけにも贅《ぜい》をこらした料理を食べた。ローマの料理人は、いかなる素材も原形をとどめないよう努力したらしい。雌豚の外陰部と乳首のような秘密めいた料理が好まれたが、これは宴会でよく出され、処女豚のものがいいか、あるいは大プリニウスが言うように最初の仔を流産した豚のものがいいかという議論まで巻き起こした。

料理はときとして、お国自慢の種になる。最高のカワマスとは、テベレ川のローマの二つの橋のあいだで捕ったものだった。食物は比較されるものでもあり、ゲルマニアのハム、ブリタニアのカキ、黒海のチョウザメなどが王者とされた。平民の食事は、きめの粗いパン、シリアル、少量の塩漬けの魚、オリーブだ。そして政府は平民に塩が行きわたるようにしていた。

ローマ政府は中国のような塩の専売はしなかったが、必要とあればいつでも塩の価格を統制した。塩の価格介入の最古の記録は紀元前五〇六年、王制から共和制への移行が宣言されてからわずか三年後である。政府はローマ最大の塩の産地、オスティアの私有製塩所を占有した。王がそこの塩の価格は高すぎると判断したためだ。

共和制のもとでも、そしてのちの帝政のもとでも、ローマ政府は平民が入手しやすいように塩に補助金を出した。それは減税のような優遇措置であり、人気取りの手段でもあった。アントニウスとクレオパトラを破る海軍遠征の決行前夜、アウグストゥス帝はオリーブ油と塩を無料で与えることで人民の支持を得ている。

地中海の覇権をめぐり、フェニキアの植民地カルタゴとのあいだにポエニ戦争（紀元前二六四～前一四六年の間に計三回）が起こった。一世紀を越えて繰り広げられた死闘のあいだ、ローマは軍資金を得るために塩の価格を操作している。ローマ政府は中国の皇帝と同じやり方で塩に人為的に高価格をつけ、あがった利益を軍事費に投入したのだ。ローマ市内では低価格が維持されていたが、それ以外の場所では、最寄りの製塩所からの距離に応じて価格が加算されていた。この塩税制度を考案したのは、平民代表の役人、「護民官」

のマルクス・リウウィウスだ。塩の価格に関する計画により、彼はサリナトルとして名をはせる。そののち「サリナトル」は、塩の価格決定にたずさわる財務部門の役人の肩書きとなった。

イタリアの都市の多くが製塩所の近くに築かれた。まずテベレ川河口の製塩所の背後にできたローマである。これらの製塩所は北側の河畔とともに、エトルリア人が管理した。紀元前六四〇年、ローマ人はエトルリア産の塩への依存をいさぎよしとせず、対岸のオスティアに自分たちの製塩所を作った。浅い池を一つ作り、海水を貯めて天日乾燥で塩の結晶ができるようにしたのだ。

ローマの大きな街道の一つ「塩の道」は、ローマだけでなく半島の内外へ塩を運搬するために作られた。イタリア半島のなかではうまくいったものの、ローマが拡張するにつれ、道で遠距離を運ぶのも経費がかかりすぎるようになった。ローマ人は人民に塩が行きわたることを望んだが、もっと重要なのは帝国の建設という野心であり、兵に塩を与えることが必要だった。ローマ軍は兵、馬、家畜のための塩を要求した。兵の給料が塩で支払われることすらあったが、これは「サラリー」の語源であり、「給料だけの働きがある」とか「食いぶちを稼ぐ」といった表現のもとでもある。ラテン語の「サル」は変化してフランス語で支払いを意味する「ソルド」となり、「兵士（soldier）」という単語も生み出している。

ローマ人にとって、塩は帝国建設のための必需品だった。拡大するローマ世界のあちこちに、イタリア半島じゅうの海岸、沼、塩泉に製塩所を作った。遠征によりハルシュタット、ハライン、ガリアとブリテンの多くのケルト人の製塩所を奪取しただけではない。北アフリカ、シチリア、スペイン、ポルトガルにフェニキア人やカルタゴ人が築いた製塩所も手に入れたのだ。ギリシャ、黒海、死海のほとり、ソドムの山の製塩所を含む古代中東の製塩所も手中におさめた。かつてのローマ帝国の領土で、六十を越える製塩所が確認されている。

ローマ人は陶器で海水を煮詰め、塩の固まりができるとそれを割った。地中海沿岸では、彼らが海水を煮詰めた多くの場所で、陶器の破片の山が発見されている。またオスティアでは海水をくぼ地にくみ上げ、天日乾燥させた。岩塩を採掘し、アフリカのセブカのような干上がった湖底をすくい、沼の塩水を煮詰め、沼の植物を燃やして灰から塩を抽出することもあった。

一連の技術のうち、一つとしてローマの発明したものはない。アリストテレスは紀元前四世紀に塩泉の天日乾燥について述べている。紀元前五世紀の医学者ヒポクラテスは、天日乾燥した海塩について知っていたようだ。

日光は水の一番薄く軽い部分を引きつけ、それを浮上させる。濃度と重量のために塩気が残り、かくして塩ができるのだ。

ローマ人の才は、運営にあった。独創的な事業を考案するのではなく、運営のスケールの大きさが特徴だった。

ローマ人はにがみを消すために緑野菜に塩をふり、これが「塩をふる」を意味する「サラダ」の語源となった。現存するラテン語として最古の散文である、紀元前二世紀に生きたカトーによる田園生活の実践書『農業論』は、次のようなキャベツの食べ方を提案している。

キャベツを刻み、洗い、乾かして塩か酢をふりかける。これ以上健康的なものはない。

塩を食卓に出すとき、平民の家では質素な貝殻、貴族の宴会なら装飾的な銀の塩入れで供された。塩が友情の固めの象徴となって以来、宴会の食卓に塩入れを置かなければ、それは敵意を感じさせる行為となり疑惑を招くもととなっただろう。

カトーは、アンチョビーか卵を塩水に浮かべてみて、漬物に十分な塩分を含むかどうか確かめるとよいと言った。アンチョビーによるテストはすたれたが、卵を浮かべてみるのは、今でも地中海地方の家庭で一般的に行なわれている。北方ヨーロッパでは、ジャガイモを使うこともある。

ローマ人が食した塩の大半は、市場で買った食物にすでに含まれていた。塩はデフルトゥムというスパイスの混合物にも含まれ、コルクができる前はワインを保存するために添加された。これで、ローマの食事がひどく塩辛かったのに、食卓塩の消費が少なかったことの説明がつく。プリニウスの推定では、ローマ人は紀元一世紀には塩を日に二十五グラムしか消費していない。一方、現代のアメリカ人の塩分消費量は――パッケージ食品に含まれる塩分量を度外視するなら――ローマ人よりもっと少ないと考えられる。

ローマ人は、ハムをはじめとする豚肉の加工品に多量の塩を使った。その技術はケルト人から学んだようだ。ソーセージ――豚肉などの肉を塩で保存し、味付けし、家畜の腸や膀胱《ぼうこう》や胃の薄い膜に詰めたもの――は、ガリア産のものを輸入していた。今日のフランスとイタリアのソーセージの製法は、ローマ帝国の時代にまでさかのぼる。

元来は、ハムもソーセージも征服した帝国北部からローマにもたらされた。紀元一世紀のギリシャの著名な旅行家にして歴史家のストラボンは、ローマで最上のハムはバーガンディーの森で作ったものだと言う。そのころ森はケルトのものだった。ケルトの歴史を自国のものにしたがるフランス人――ウェルキンゲトリクスまでフランスの英雄にしてしまった——は、ハムも自分たちの発明だと主張するが、実際はケルトのガリアだった。しかしローマは、現在のドイツを含む多くのケルトの地方からハムを輸入していた。ウェストファリアのハムは、干して塩漬けにし、地元特産の木でいぶした——現在も同じ製造法が守られている——もので、ローマ人の大好物だった。

多くのローマ人同様、カトーもハムに目がなかった。当時は農業に関する名詞を苗字に使うことが多かったが、カトーは「豚のようなマルクス」と呼ばれた。彼が記した蛾のたからないハムの製造法は、ウェストファリア風ハムを作ろうとする試みのあらわれだ。油と酢を加えることで、荒々しい北方の野趣に富んだ風味を再現しようとしている。

豚の脚を購入し、ハム一固まりにつき二分の一ペック（約八・八リットル）のすりつぶした塩を使う。バットか壺の底に塩を敷きつめ、皮目を下にしてハムを置く。塩で完全におおう。それから次のハムも同じように置き、同じように塩でおおう。肉がたがいにふれ合わないよう気をつけること。すべて同じようにおおう。準備がすんだら、上部の肉も塩で完全に隠し、表面を平らにならす。

五日後、塩をつけたままハムを取り出す。ハムの上段と下段を入れ替える。十二日後にハムを取り出し、塩を取り払い空気に二日さらす。三日目にスポンジで表面をふき、全体に油を塗り、二日いぶす。三日目に降ろして油と酢の混ぜものを塗り、肉の

貯蔵室につるす。こうすれば、蛾も毛虫も寄りつかないだろう。（カトー著『農業論』紀元前二世紀）

オリーブは昔ながらの考え方にしたがって、塩漬けにされ、または油を絞り取られた。これはローマの食事に欠かせないもので、労働者階級にとっては主菜だった。貴族は前菜として食したが、平民にとってはオリーブが食事だった。カトーは労働者にパン、オリーブ、ワイン、塩を支給したと書き残している。オリーブは固いにもかかわらず、少しでも傷つけると漬物にする過程で台無しになるので、手でつまなければならない。オリーブの収穫はたいへん注意を払わなくてはならず、古代では下弦の月のあいだでないと成功しないと信じられていた。

傷ついたりつぶれたりした実は、労働者用に塩漬けにされた。うまく収穫できたものは販売用に多様な保存法がほどこされた。ローマの偉大な美食家にして文筆家のアピキウスは、海水に漬ける「コルムバデス」と呼ばれるオリーブについて記している。

ローマ人は塩水でいろいろな野菜を保存した。ときには酢も加え、フェンネル、アスパラガス、キャベツなどを漬けたのだ。今から二千二百年前にカトーが書いた漬け方は、繰り返し塩水に漬けることで、にがい糖質、オレウロペインを除去し、塩に漬けて乳酸発酵をうながすやり方だが、これは現代でも標準的な方法である。カトーは「じゅうぶん漬ける」と言うだけで、それが何日もかかることにはふれていない。

《オリーブの保存法》

黒くなる前に、つんで水に漬けなければいけない。水は何度も替えること。じゅうぶん漬けたら水を切り、酢に漬け油を加える。塩はオリーブ一ペックにつき二分の一ポンド（約二百グラム）。フェンネルとマスチック（マスチックの木の種子）は別個に酢漬けにする。一緒にしたい場合は、すばやく混ぜ、保存用の壺に詰める。取り出すときは、手を乾かしておくこと。

オリーブ

ローマの料理で中心的位置をしめたのは魚である。塩漬けの魚はローマの商業のかなめでもあった。ギリシャの医学者ガレノス（一三〇～二〇〇年）は、ローマの塩漬け魚の交易について書いている。ガレノスは、はじめて脈を取ることの重要性に着目した人物であり、中世になっても彼の健康と食事に関する著作は影響力を持ちつづけた。医者が塩漬けの魚について書いたのは偶然ではない。塩と同じように、塩漬けの魚も食品であると同時に薬であると思われていたからだ。

ガレノスは、地中海の東西から運ばれてくる塩漬けの魚が大量に陸揚げされる、ローマの港のようすを描いている。彼が絶賛した塩漬けの魚は「サルダ」だが、サルディニアやスペインのガデスで塩漬けされるマグロ、黒海で捕れるボラも賞賛した。サルダとは、現在ボニート、タイセイヨウサバなどと呼称される小型のマグロ、あるいはヨーロッパにしかいない小型の若いマイワシ、サーディンを指すようだ。ガレノスはまたエジプト産の塩漬けの魚、スペイン南方の港セシから来る塩漬けのスペインサバも好んだ。

ガレノスの時代までに、塩漬けの魚や発酵した魚ソースの交易は、地中海で数世紀の歴史を確立していた。彼以前にも、塩漬けの魚について論じた医者はいた。紀元二世紀にガレノスが感動したのは、かつてないほどその交易が広範囲に及び、しかも大規模であったということである。

紀元前二四一年、カルタゴが陥落し、第一次ポエニ戦争も終結を迎えようとしている頃、地中海最大の島シチリアはローマの支配下に置かれることになった。シチリア島はその豊かな穀物で「ローマのパンかご」と呼ばれ、かつ貴重な漁場でもあった。シチリアの沿岸ならどこでも、魚の捕獲、塩漬け、販売は産業活動の中心だったのだ。地中海を代表する魚は塩漬けのクロマグロだった。

シチリアの島民は、島の各地でくんだ塩水を煮詰めて塩を作った。発掘により、古代の製塩所は島の西部トラパニ付近とファヴィグナナ島に集中したことがわかっている。当然ながらそこはクロマグロの漁場でもある。

紀元前四世紀、シチリア生まれのギリシャの詩人にして美食家のアルケストラトスは、故郷のマグロは生のままでも壺で保存する塩漬けのものでも、たいへん美味だと自慢している。通常はマグロが捕れると、上半分は生で食し、水気の少ない尾のまわりの身は塩漬け用にとっておかれた。だがアルケストラトスは、興味深い妥協案を提示している。

雌のマグロの尾について――私が話しているのは、ビザンティウムで捕れた大型の雌のマグロだ。切り身にして適度に焼き、塩を軽くふりかけ油を塗る。熱いままの切り身をピリッとした塩水につけて食べる。姿も大きさも不死身の神のようだから、何もつけずに食べるのも良い。酢をかけたりすると台無しになる。（アルケストラトス著『ぜいたくな生活』紀元前四世紀）

アルケストラトスはまた、ビザンティウム（現イスタンブール）からもたらされる黒海のマグロも大好きだった。これらの魚はすべて同じコースを移動した。クロマグロは、黒海で産卵するためにシチリア沖を回游《かいゆう》する。ローマ帝国以前には、黒海は代表的な漁場であり塩漬け魚の生産地だった。一番はマグロだったが、ニシン、チョウザメ、カレイ、サバ、アンチヨビーでも有名だった。ウクライナから黒海へ流れ込む現在のドニエプル川で捕れたチョウザメの塩漬けが抜群だと言ったのは、ヘロドトスだ。

黒海からジブラルタル海峡に至るまで、塩による加工品の産地はおもに漁場の付近に出現し、さまざまな塩漬けの魚、魚のソース、紫の染料をはじめとする塩製品の産業地帯を形成した。

塩、つまり「サル」に由来する「サルサメントゥム」とは、塩漬けの製品を形容するローマの言葉である。商業上もっとも重要なサルサメントゥムは塩漬けの魚だった。保存法、産地、切り方、うろこと一緒に漬けるか否かなど、塩漬けの魚を形容するギリシャ語の語彙が豊かだったのにひきかえ、ローマ人はサルサメントゥムという言葉しか生み出さなかったが、それから得た利益はばく大なものだった。

製造者がサルサメントゥムを一とおり作ってしまうと、くず（内臓、えら、尾）はソース用にとっておかれた。ローマの書物は、ガルム、リクアメン、アレク、ムリアという四種類のソースについて書き残しているが、正確な意味は不明である。アレクはソースを漉《こ》したあとに残ったかすのことかも知れない。ガルムとリクアメンは、発酵した魚のソースの総称になっている。

ソースを作るには、魚のくずを土器の壺に入れて塩と層をなすように重ねていき、上に重しを置いて汁に漬けこんだ。塩が魚の水分を吸収すると漬け汁の量はふえる。古典文学の研究者は正確な古代のガルム製法を調べたが、一番明確なものでも中世の製法しかわかっていない。紀元九〇〇年に書かれたギリシャの農業手引書『ゲオポニカ』は、過去の料理法にもとづくさまざまなガルム製法を述べている。

いわゆるリクアメンの作り方は次のとおり――魚の内臓を容器に入れ、においの良い魚、小型のサバ、スプラット、オオカミウオなどの小型の魚といっしょに塩漬けにする。容器を何度も振って日光に当てておく。温まって汁気が減ったら、次のようにしてガルムを得る――前述の魚の容器に大型で丈夫なバスケットを入れ、ガルムが流れ込むようにする。こうすれば、バスケットを引き出したとき、いわゆるリクアメンが漉されたことになる。バスケットに残ったかすがアレクである。

すぐにガルムを使う場合、つまり日に当てて発酵させず、煮詰めるときには次のようにする。卵を浮かべて塩水の濃度を確かめたら（沈むようなら塩が足りない）、新しい陶器の壺に塩水と魚を入れ、オレガノを加える。やや煮詰まるまで沸騰させ、それから温度を下げるために（発酵してないワインなどを）加える。それから、冷ましてろ紙にそそぐ。これを二度三度透明になるまで繰り返す。蓋をして、しまう。

医者たちは、ガルムにはびん詰めした塩漬け魚と同じ、健康に良いあらゆる成分があると考えた。ガルムは薬として、また、たいていはほかのものを混ぜてから薬として投与された。消化不良や傷のように明らかに塩が効く症状にたいしてだけでなく、坐骨神経痛、結核、偏頭痛にも処方された。

古代、ローマ以外でガルムが食されたのはアジアだけである。豚の飼育についても同様だと考える歴史家がいるが、このソースは洋の東西で別個に創案されたようだ。アジアのソースはベトナムが起源だと思われる。だが、ベトナムはこれを古代中国から伝わった醤油から生み出したにちがいない。当時中国は、豆といっしょに魚を発酵させていたからだ。

ベトナムでは塩はたいへん高価なものだったので、貧しい人々は米と塩の混ぜものだけの食事を取ることもあった。塩と混ぜるのは、トウガラシの粉や炒りごま、ときにはみじん切りのショウガの根だった。だが古代から一番人気があったのは、塩漬けの小魚から作ったニョクマムである。ローマとはちがい、ニョクマムのようなアジアのガルムは現代まで人気を維持し、カンボジア、ミャンマー、ラオス、フィリピンを含めた東南アジア各地で作られている。フィリピンでは「バゴーン」と言う。タイでは「ナンプラー」という呼称で、二百を越える工場で生産している。韓国、中国、日本そしてインドネシアにもさまざまなガルムがある。

ベトナムでは正月に、ガルムをコショウやニンニクといっしょに果物や野菜にかけて食べる。「トレ」はゆでた豚の頭をスライスして、ニョクマムで味付けした料理だ。ニョクマムにも数種類ある。カニを使ったマムケイ、イカを使ったマムミュク、エビを使ったマムトムなどだ。

このソースをはじめて見たとき、フランス人はラテン民族の遺産をすっかり忘れていたようで、ベトナム人が「腐った魚」を食べていると思い、仰天した。高名なパスツール研究所は、一九一四年から一九三〇年まで十六年がかりでニョクマムを研究し、ベトナムの農夫なら何世紀も前から知っていた発酵のプロセスをやっと理解している。必要不可欠な材料は魚と塩だ。魚はニシンやサーディンなど、ニシン目の小型のものが選ばれた。三日間魚を塩漬けにし、汁気が出るとその幾分かは日に当てて熟成させ、残りは魚といっしょに押しつぶしてどろどろにする。それから両者を混ぜて三日、ときにはそれ以上放置する。そして固体の部分を漉すのである。

中国人が醬油を使うのと同じように、ローマ人もガルムを使った。料理には、塩をふりかけるよりガルムを数滴たらすほうが好まれた。肉、魚、ときには果物にもかけたようだ。現存する最古の料理書で、アピキウスの著書とされる『デ・レ・コクイナリア』は、塩を使う料理よりもガルムを使う料理をはるかに多く紹介している。ガルムは塩よりずっと高価であり、同書が上流階級向けに書かれたことがわかる。アピキウスが自殺したのはばく大な財産の十分の一を食道楽についやした結果、その暮らし方を長くは続けることができないと悟ったからだ、とはセネカの説だ。

次にあげるアピキウスの料理法は、ローマ人好みの凝った型抜き料理である。味付けはガルム中心で、塩には一言もふれていない。

> （火を通した）ゼニアオイ、リーキ、ビート、または調理したキャベツの芽、あぶったツグミ、ニワトリの肉団子、豚肉かひなどりの肉一片、ニワトリ、それに似た細かい肉切れならなんでも。それらすべてを（型のなかに）重ねる。
> 碾《ひ》いたコショウとロバジュ（古代ローマでパセリのようによく使われた、にがいハーブ）に、古いワイン、煮出し汁《ガルム》、ハチミツを二対一対一の比率でそそぎ、油を少々たらす。味見する。適度な比率でよく混ざったら、ソース鍋に入れてほどよく加熱する。沸騰したら一パイント（約五百七十cc）の牛乳に（八個ぐらいの）卵を混ぜたものを加える。これを（型全体に）そそぎ、（沸騰しないようゆっくりと加熱して）とろみがついたら火を止めて食卓に出す。（この料理はたいてい、型から抜かずに供した）

塩でなくガルムを使う料理でもっと簡単なのは、薄肉の蒸し煮だ。

シチュー鍋に肉を入れ、煮出し汁《ガルム》一ポンド、ほぼ同量の油、ハチミツ少々を加え、蒸し煮にする。

魚のソースの作り方も載っている。

あぶったヒメジ用のソース——コショウ、ロバジュ、ヘンルーダ（香りの強い常緑植物）、ハチミツ、松の実、酢、ワイン、ガルム、油少々。加熱して魚にかける。

こういった料理法はエリートのための高級料理だったが、高価なガルムは腐ったような「悪臭を放つ」と形容されることも多かった。プリニウスは「あの腐ったものの汁」と言った。「腐った魚の高い汁」呼ばわりしたのは、紀元一世紀の率直な哲学者セネカだ。だが彼の弟子で詩人のマルティアリスは、意見を異にしたようだ。「極上のガルムをお受け取りください。生きたサバから採った血で作られた貴重な贈り物です」という手紙をそえて進呈したこともあるのだ。

とはいえ、マルティアリスが贈ったのは「友と分かちあうガルム」を意味するガルム・ソキオルムだろう。たいへん高価で、スペインで捕れたものだけを原料にした。さまざまな水準のガルム工場が、ポンペイのようなローマの港のみならず、南スペイン、リビアのレプティス・マグナ港、小アジアのクラゾメナエにも建設された。ブリトン人が塩の製造と魚の輸出の双方にたずさわっていたことから、イングランドもまたローマの塩漬けの魚とガルムの交易にかかわっていた可能性が高い。

　ガルムにはさまざまな種類があった。ローマが征服したイスラエルでかなりの割合を占めたユダヤ人のために、コーシャ（ユダヤ教の戒律にしたがって調理された）・ガルム、「ガルム・カスティモニアレ」も作られた。カスティモニアレは、ユダヤの食事の戒律にのっとり、うろこのある魚から作ることになっていた。マグロ、サーディン、アンチョビー、サバなど、通常ガルムになる魚はうろこがあるので、コーシャになる。紀元一世紀の時代でさえ、ラビの保証書がつくと値も高くついたようだ。

　ガルムの市場が拡大するにつれ、安価な銘柄も登場するようになった。奴隷までが家庭内の魚のくずからガルムを作った。刺激臭があるものと腐敗しているものの境目は紙一重で、吐き気をもよおすような悪臭を放つものもあったにちがいない。アピキウスはガルムのにおいを緩和する方法を提案している。

　　ガルムに悪臭がするようになったら、まず容器をさかさまにして月桂樹とイトスギでいぶし、それからガルムをそそぐ。それでもにおいがましにならず、味が強烈だったら、ハチミツと新鮮なカンショウ（若枝）を加える。そうすれば良くなる。ワインの新酒でも効果があるだろう。

フェニキアの塩漬け魚の交易権を奪取したローマ人は、同時に紫の染料の作り方を発見した。これは魚介類の塩漬けから生じた副産物である。染料はアクキガイを塩漬けするときに採れるのだ。この地中海の貝は、八センチの貝殻が珍味ヨーロッパバイに似ている。この染料はヘラクレスがテュロスの浜で牧羊犬を散歩させていて見つけた、という伝説がある。好奇心の強い犬が貝殻にかみつくと、口が奇妙な濃い色に染まったというのだ。遅くとも紀元前一五〇〇年には、この染料はテュロスの商人に富をもたらしていただろう。紫の染料の抽出は骨の折れる作業で、この染料は特権階級のぜいたく品、富と権力を示すための道具となった。ユリウス・カエサルは自分と身内だけが紫色のトーガをまとう資格があると定めた。ユダヤ教の高位の僧コハニムたちは、袈裟《けさ》のフリンジを紫に染めた。クレオパトラは戦艦の帆を紫にした。紀元前一世紀の詩人ウェルギリウスはこう書き残している。「そして、彼に宝石で飾った杯から飲ませ、サランの紫の上に眠らせよ」サランは「テュロス産の」という意味である。

アクキガイ

プリニウスはローマ人の熱中ぶりについて書いている。「たいへんなぜいたく品だ。人々は森林のなかで象牙やシトラスの木を探し、ガエトゥリア（北アフリカ）の岩場でアクキガイや紫の染料を手に入れようとやっきになった」

アクキガイを手中にできたローマ人はまた、その身を食した。それは究極のご馳走であり、「紫の魚」と呼ばれた。料理法のなかには、フェグペッカーという小鳥をまわりに並べて供することをすすめるものもある。現代人も、蒸したアクキガイの身をピンに刺して食べている。フランス語では「ロシェ」、スペイン語では「カニャディリャ」、ポルトガル語では「ブツィオ」である。

染料を採るのがいかに困難だったか、プリニウスはこう記す。

ごく少量の液体を含む白い腺《せん》がある。男たちは生きたままアクキガイを捕ろうとする。死ぬとき液を吐き出してしまうからだ。大きめの「紫の魚」から、貝殻を取ることによって液を得る。小さなものだったら貝殻同士をぶつけてつぶす。それしか液を出させる方法がないからだ。

前記の腺を取り出し、百ポンドに対し一パイントの割合で塩を加える。三日間溶けるにまかせる。塩は新鮮であるほど強力だ。鉛の鍋で、この塩の混ぜもの五十ポンドにつき水七ガロンを加えて、ややはなれたところにあるかまどからつながっている管で加熱する。こうして腺に付着していた肉質を取り除き、九日後には大鍋の中身を漉す。試しに、洗った羊毛をひたしてみる。染料としてじゅうぶんに使えるようになるまで液体を煮詰めていく。（大プリニウスことガイウス・プリニウス・セクンドゥス著『博物誌』紀元一世紀）

紫に染めることができる貴重な液体の性質は、その後二千年にわたり完全には解明されなかった。一八二六年、薬学校の二十三歳の学生アントワン・ジェローム・バラールが、塩沼の成分の構成の研究をしたさい、塩の結晶ができたあとの沼の水に残るいやなにおいの黒っぽい紫色の液体は、解明されていない化学物質だという結論を出した。その液体はアクキガイ（フランス語でムレクス）の紫色の分泌液と同じだったので、彼はあらたな成分をムリドと命名した。アカデミー・フランセーズは、大発見が一学生によってなされたことを良しとせず、名前をつけさせてはならないと考えた。そこでアカデミー側は「ムリド」を、「悪臭」を意味する「ブロミン」に変えた。

アクキガイによる染料は、ローマ時代の地中海地方、北アフリカ、ガリアの地中海沿岸で大量に生産された。ローマ時代の古代アクキガイの貝塚が、イスラエルの港アックラで発見されている。ローマ帝国には、染色作業で使うブロミン液と保存される魚で、臭気ふんぷんたる沿岸地帯があったにちがいない。

五世紀にローマ帝国が崩壊すると、ガルムは過剰な快楽主義がはびこったとされるローマをしのぶよすがの一つに過ぎなくなった。魚の内臓を日に当てて腐らせるという発想は、より慎ましやかな文化においてもではやされるものではない。もちろんガルムの作り方が正しければ、発酵が始まるまで塩が腐敗を防ぐ。しかし、それを人々に信じさせるのはだんだんむずかしくなった。ローマ帝国崩壊後の六世紀のガリアに生きたアンティムスは、塩や塩水の代わりにガルムを使うことを拒否している。

サーディン

豚の腿肉はあぶるのが一番だ。あぶっているあいだ塩水にひたした羽毛で表面を塗れば、うまい食品になり消化も良い。食べるときに固ければ、純度の高い塩に漬けると良い。我々はあらゆる料理で魚のソースを使うことを禁じる。(アンティムス著『食物考』紀元五〇〇年ごろ)

「我々はあらゆる料理で魚のソースを使うことを禁じる」――アンティムスがガルムに下したこの宣告は、西洋の料理界に雷鳴のようにとどろいた。

サーディンは、サルディニアで塩漬けにされた評判の高い魚であるところからその名がついたが、これはガルムで味付けされるほうが好まれた。ガルギリウス・マルティアリスは紀元三世紀に、ガルムを作るならサーディンにかぎると書き残している。シチリアの南東沖で難破した船を調べた現代のダイバーたちは、塩漬けのサーディンが入ったローマのアンフォーラ（大型の両取っ手つき壺）を五十個も見つけている。だがその後サーディンは、新鮮なまま塩をふりかけて食べるほうが美味であるということになっていった。

> サーディン――そのままだったらフライにするべきだ。調理したらオレンジの絞り汁、揚げるのに使った油少々、そして塩をそえて供する。熱いうちに食べる。（『ナポリの料理人』筆者不明、ナポリ、十四世紀末）

ローマ帝国が消えると、ガルムもまた地中海から姿を消した。地中海は塩漬けの魚の産地としての重要性を失い、紫の染色の産業も衰えた。しかしながら、製塩所の建造は帝国建設の一環であるというローマ的思考は長らえた。

第五章　アドリア海じゅうで塩漬けを

ローマ帝国の滅亡により、西洋世界の経済の中心であった地中海は圧倒的な指導者を欠き、野心家を輩出する地域となった。フェニキアの勃興以来、もっとも熾烈な競争の幕開けである。

地中海沿岸には製塩所が林立していた。小規模な地元向けの事業もあれば、コンスタンティノープルやクリミアのような場所には大規模な企業もある。フェニキアが開始した古代地中海の製塩所は、権力とともにローマからビザンティンへ、そしてイスラム教徒の手へと渡っていった。

ローマ人が賞賛した製塩所は、きわめて貴重なものを残している。エジプトのアレクサンドリア産の塩は高い評価を得ていたが、なかでも水面をすくって得られる「フルール・ド・セル」という軽い結晶塩は最高の品だ。エジプト、トラパニ、キプロス、クレタで採れる塩はいずれも、ローマ時代にプリニウスが賞賛したため名声を保っていた。

ローマの歴史に組み込まれなかったヴェネツィアは、アドリア海の潟内の島々に築かれた。ヴェネツィアの浜は今日とはかなりちがっていた。「リディ」と呼ばれる砂州が延々と続き、アドリア海の嵐から浜を守っていた。ヴェネツィアの浜で商業的にも政治的にも中心地であるラヴェンナから続く潟は、ポー川の河口をはさんでトリエステの隣り町アクイレイアまで延びていた。リドは今日ではヴェネツィアの砂州の名称となり、ヴェネツィア市の通りや運河を散策する旅行者が押し寄せてくる。ローマの時代でさえ、リドは観光客に人気があり、裕福なローマ人の避暑地だったのだ。

六世紀、ローマ領だった内陸のヴェネトは、ゲルマン民族の侵略を受けた。独立を守るため、マーサズヴィニヤードに逃げ込んだボストン市民のように小人数が固まって、避暑地であるリドに守られた島々に移り住んだ。

六世紀、ローマで高級官僚から修道士、学者に転じたカッシオドルスは、この潟の共同社会を賞賛し、地上と海にまたがる家々を水鳥になぞらえている。

富める者も貧しい者もここでは平等に暮らしている。皆が同じ食事と家を分かち合っている。そのため、他人の暖炉をねたむこともなく、世間に渦巻く悪意もここにはない。競争は製塩所にかぎられる。すきと草刈り鎌の代わりに、（製塩のために）ローラーを使って利益を得るのだ。ほかの生産物も各人の働き次第である。黄金を求めない者はいるかもしれないが、すべての食物をうまくする塩を欲しがらない者はどこにもいなかった。(カッシオドルス、紀元五二三年)

ローマ同様、ヴェネツィアでも民主主義は実践より理想とするものだった。カッシオドルスがヴェネツィアの平等主義を過大評価していたにせよ、かの地で塩が帯びていた重要性は記述どおりである。塩は、ヴェネツィアを南ヨーロッパの圧倒的な商業地域に押し上げた政策の鍵だったのだ。

イタリア本土は元来、今のヴェネツィア市である島々よりずっとはなれたところにあった。島々とコマッキオ半島のあいだの地域は、「七つの海」と呼ばれていた。「世界の海を航海する」と言えば、「七つの海」を航行すること——四十キロにおよぶ剣呑きわまりない砂州を航行するという困難な作業のことだった。

紀元六〇〇年ごろ、ヴェネツィア人は本土の埋めたてを開始し、現代のヴェネツィアの島に近づけた。「七つの海」はキオッジアという港を有する広大な土地となった。その南方の、以前より狭くなった潟ではコマッキオがポー川のデルタを見下ろしていた。かつて港町だったラヴェンナは内陸の市となり、近くのチェルヴィアが港となった。

七世紀までに「七つの海」は消えうせ、ヴェネツィア人はキオッジアであらたに建設された土地に塩の池を作った。カッシオドルスは、「ローラー」の使用にふれたが、それは

「筒」または「シリンダー」と訳されることもある。人工の乾燥用の池の底をならすためのローラーのことなのか、海水を煮詰めて結晶にするためのシリンダーの形の陶器を指したのか、さだかではない。

六世紀と九世紀のあいだに、二十世紀以前では最大の製塩に関する技術革新が行なわれた。単一の人工池で海水を貯めてせき止め、天日による乾燥に頼る代わりに、製塩業者たちは何段階もの池を作ったのだ。第一が大きな貯蔵用池で、ポンプと水門を備え、海水の濃度が高まると次の池に流し込む。第二の池でさらに海水を蒸発させ、より濃くなった塩水が第三の池に移される。同時に、第一の池に新鮮な海水が流れ込んで、いつでも新鮮な塩水が確保されていることになる。塩水がじゅうぶんな濃度に達すると、塩が沈殿する――つまり結晶となって池の底に落ちたのを、製塩業者がすくい出すのだ。天日にしか頼れない池では、海水がその濃度になるには一年もしくはそれ以上かかる。だが、じゅうぶんな日光と風にめぐまれ、池の海水を薄めてしまう雨の季節がなければ、塩の生産の限界は入手できる土地の面積、すなわち同時に稼動できる池の数で決まる。設備も投資もわずかでよい。収穫期、最後に削り取る段階を除けば人手もかからない。

西洋の歴史家には、この技術を発明したのは紀元五〇〇年ごろの中国人だと考える者もいる。しかし、創始者の肩書きを他にゆずりたがらない中国の歴史家も、この発明に関しては名乗りをあげていない。中国人はこの方法で作られた塩が気に入らなかったのだ。時間のかかる蒸発では粗い塩しかできず、中国で良質と考えられる塩とはきめの細かいものなのである。

複数の池による乾燥は地中海で始まったようだが、そこでは魚を漬けるときとハムを保存するときは粗い塩が好まれた。中世初期に地中海で活躍していた北アフリカのイスラム教徒が、このシステムを取り入れた最初の民族かもしれない。彼らはこのシステムを九世紀にイビサに導入している。

十世紀には、ヴェネツィアからアドリア海をはさんだダルマティアの浜で複数の池が製塩に使われていた。九六五年、チェルヴィアで池が作られ、十一世紀にはヴェネツィアも池のシステムを打ち立てている。

ヴェネツィアは、アドリア海沿岸の細長い土地で熾烈な競争に直面していた。キオッジアの近くにはコマッキオがあり、ベネディクト派の修道士たちが塩を作っていた。だが九三二年、ヴェネツィアがコマッキオの製塩所を破壊してこの競争の幕は降りる。だがこれは、地中海第三の製塩地としてのチェルヴィアの地位を強化することにほかならなかった。チェルヴィアの製塩はすぐ近くの、すでに沿岸地ではなくなったラヴェンナの大司教が管理していた。

しばらくのあいだ、この地方の塩の両雄はヴェネツィアの自治体とラヴェンナの大司教だった——つまりはキオッジアとチェルヴィアの代表だ。利はヴェネツィアにあった。キオッジアのほうがチェルヴィアより産出量が多かったのだ。だがキオッジアが生産したのは「サリ・ムヌッティ」すなわちきめの細かい塩だったため、もっと粗い塩を欲するヴェネツィアは輸入せざるをえなかった。十三世紀、度重なる洪水と嵐でキオッジアの池の三分の一が打撃をこうむると、さらに塩を輸入することになった。

そしてこのとき、ヴェネツィアは大発見をしたのである。塩を作るよりも、塩を売り買いする方が金になる、ということだ。一二八一年から、政府はほかの地域から塩を持ち込んだ商人に補助金を出すようになった。その結果、塩の運搬はもうかる仕事となり、塩を運ぶ商人はライバルよりも安値でほかの品物を売ることができるようになった。塩への補助金で豊かになったヴェネツィア商人は、地中海東部に船を出せるようになり、そこでインドの香辛料を買い入れ、それを地中海西部でほかの誰よりも安値で売ったのである。

これは、とりもなおさずヴェネツィア市民がひじょうに高い塩を買っていたことを意味するが、香辛料の貿易を独占し、穀物貿易の主導権をにぎっていられるかぎり、市民は気にかけなかった。イタリアで穀物が不作のときは、地中海のほかの地域から穀物を輸入する際、ヴェネツィア政府は塩による歳入から補助金を出した。かくしてヴェネツィアはイタリアの穀物市場を独占したのである。

中国の塩の専売とは異なり、ヴェネツィア政府は塩を独占するのではなく、その交易を規制することで利益を得た。高価な塩の販売によって豊かになった塩行政は、ほかの商品の交易に融資することを可能にした。十四世紀から十六世紀にかけて、ヴェネツィアは穀物と香辛料の交易の中心地であり、輸入品の重量の三十~五十パーセントを塩が占めていた。塩はかならず政府機関の承認を得なければならなかった。「塩議会」が、輸出できる塩の量だけでなく、輸出先や価格まで指定する許可証を発行したのだ。

塩行政はまた、ヴェネツィアの宮殿のような立派な建築物と、首都が押し流されるのを防ぐ複雑な水力システムを維持することに貢献した。彫像や装飾模様などここで人々に愛されてきた雄大な景色の多くは、塩行政によってまかなわれたものである。

ヴェネツィアは注意深く塩の供給に関する信用を築き上げ、商業国家と契約を交わすまでになった。そしてこれらの契約の条件を一方的に押しつけることができたのだ。一二五〇年、マンチュアとフェラーラに塩を供給することに合意したとき、その契約内容は、両市は他国から塩を買ってはならないというものだった。これがヴェネツィアの塩の契約の原型となった。

次々と供給先をふやしていくにつれ、塩を買いつけるための生産者も必要になった。塩行政の融資を受けた商人は、地中海をさらに進み、エジプトのアレクサンドリア、アルジェリア、黒海のクリミア半島、サルディニア、イビサ、クレタ、キプロスからも塩を買った。どこへ行こうと、ヴェネツィア人は塩の供給の独占、製塩所の支配をはかり、可能とあれば塩を奪い取った。

ヴェネツィア艦隊のために塩を製造するのは重労働だった——泥と岩をどかし、池をさらって準備をととのえ、堤防を築き、採取した塩の結晶の入った重い麻袋を運ばなければならないのだ。塩作りにたずさわった家は、夫婦も子どもも一家総出で働かなければならないことが多かった。収入は、塩の出来高次第だった。

ヴェネツィアは、生産量を管理することで市場を操作した。十三世紀末には、世界の塩の市場価格を上げるために、クレタの製塩所をすべて取り壊し、その地での塩の製造を禁じた。そしてクレタの消費量に相当する塩を運び込み、輸入した塩を売るための店を建て、製塩所の所有者に打撃を与えた。この政策は塩の価格を操作し、同時に地元住民を満足させておくための手段である。だが二世紀後、アレクサンドリアから塩を積んできた船隊が遭難すると、クレタの農民は危機に直面した。クレタ島には塩がほとんどなかったので、チーズを作ることができなくなってしまったのだ。チーズは、凝乳の水気を切って塩に漬けて保存するものだからだ。

一四七三年、ヴェネツィアはチェルヴィアを征服、ヴェネツィア以外へは塩を売らせない契約をかつての競争相手と結んだ。ポー渓谷付近のボローニャにだけは供給を続けることが認められた。あらたな競争相手ジェノヴァがイビサ島を地中海最大の塩の産地にすると、ヴェネツィア人はキプロスを第二の産地にした。一四八九年、キプロスは正式にヴェネツィア領となる。

容赦のない市場操作と領土支配の能力により、ヴェネツィアは商船隊を海軍の予備隊となし、必要なときはいつでも戦闘態勢をとらせた。ヴェネツィア海軍はアドリア海を巡航し、船を停めて積荷を検査し、すべての商船がヴェネツィアの規則にしたがっているか否かを確かめるために許可証の提示を要求した。

ヴェネツィア政府以外で、これほど経済の基盤を塩に頼り、塩の政策を拡大した国家は中国だけである。たんなる偶然ではないだろう。ヴェネツィアの政策は有名な一族、ポーロ家の影響を受けていたのだから。

一二六〇年、ヴェネツィア商人だったニコロ・ポーロと弟マフェロは、フビライ・ハーンの宮廷へと商用で旅立った。当時ヴェネツィアは国際商業都市に発展していた。ハーンは元を支配する精力的な指導者で、中国も征服したばかりだった。兄弟は一二六九年、ハーンからローマ教皇への親書をたずさえて帰国した。元の君主は西洋人、とくに知識人とキリスト教的思想の指導者たちを宮廷に呼び、西洋について学びたいと考えていたのだ。二年後、ポーロ兄弟は二度目の旅に出る。このときは、ニコロの十七歳の息子マルコと二人のドミニコ会修道士もいっしょだった。修道士たちはつらい長旅の途中で脱落したが、マルコは父、叔父と旅を続けた。

この伝承が真実であるなら、マルコはティーンエイジャーとしては最高の旅をしたことになる。彼らはシルクロードを使って中央アジアとタリム盆地を渡り、出発後四年で上都に着いた。これは、詩人サミュエル・テイラー・コールリッジが有名な詩『桃源郷』で詠んだフビライ・ハーンの夏の都である。マルコの記述を信ずるならば、ハーンはニコロの息子以外に西洋の知識を伝える者が来なかったことで失望はしなかった。マルコはハーンが征服した広大な帝国を旅し、言語と文化を学び、それをフビライ・ハーンに報告したからだ。

およそ二十五年後の一二九五年、マルコたちはヴェネツィアに帰国する。だが一行は身なりも言葉つきもモンゴル風だったので、家族でさえ彼らを見分けることができなかったという。帰国後三年すると、マルコ・ポーロはヴェネツィアの商人らしく艦隊に乗り、ジェノヴァとの海戦に参加した。そして捕虜となり、おそらくは自分の冒険談を仲間のルスティチェッロ――ピサの冒険物語の作家として有名だった――に聞かせたのだろう。ルスティチェッロが筆録した『東方見聞録』には疑わしい点が多く、勝手に話をふくらませた可能性が高い。あらゆる箇所が、以前に読んだ本、空想的で浪漫的な冒険物語の借り物のようである。ポーロがフビライ・ハーンの宮廷に到着する場面は、ルスティチェッロ自身が書いたアーサー王物語の、トリスタンがキャメロット城に登場する場面に酷似している。

この本が一三〇〇年に初出版されて以来、同胞は皆懐疑的だった。マルコ・ポーロが中国に旅したことすら疑わしいとする者もいた。なぜ万里の長城や喫茶の習慣、纏足《てんそく》の姫たちの描写がないのか？　少数の知識人には奇妙に思えたし、後年の学者たちは、マルコ・ポーロが当時の中国にあってヨーロッパにはなかった印刷機の存在にまったくふれていないことをいぶかしんだ。百五十年後のヴェネツィア人にはよけいにひっかかることだった――ヨハネス・グーテンベルクがヨーロッパに活版印刷機をもたらし、ヴェネツィアは印刷の中心地になっていたからだ。

ポーロの本は未知の出来事に満ちていながら、ほかの商人が知っていたことはずいぶん抜け落ちていた。だが後年中国へ旅した者たちが、マルコ・ポーロの本で奇妙に思えた細部を実証することができた。なんといっても彼は二十五年ものあいだ、遠い異国へ行っていたのだ。ポーロの本を読んで中国との貿易に興味を持ったヨーロッパ人は多く、クリストフォロ・コロンボ（クリストファー・コロンブス）もその一人だった。十九世紀になるまで、ポーロの本は西洋における中国観の基本だった。そして彼の伝説は勝手に肥大化した。

ポーロがイタリアにパスタを紹介した可能性は、広く認知されている。古今中国には、生のもの、乾燥したもの、平たいもの、具を詰めたものなど豊富な麺類がある。だがマルコ・ポーロの本が麺類に言及しているのはわずかに、ときには木の実を碾いた粉で作ることもある、という点だけである。イタリア最古のパスタの呼び名の一つ「マッケローニ」

はナポリの方言がもとであるらしく、マルコ・ポーロが元からもどる以前から使われていた。これは、一二七九年に書かれたジェノヴァの本に載っている。大方のシチリア島民は、パスタをもたらしたのは九世紀の征服者、イスラム教徒だと確信している。パスタを作るのに使われる固いデュラム小麦すなわちセモリナ粉は、古代ギリシャ人が栽培していたものだ。彼らもパスタ料理を作ったかもしれず、ローマ人はラザニアのようなものを食していた。「ラザニア」の語源は、古代ギリシャ語で「リボン」を意味する「ラガーナ」、あるいはギリシャ語の「ラザノン」であると思われる。だが後者が料理名であったとは考えにくい。「寝室用便器」という意味だからだ。後者の説によれば、ローマ人はラザノンを――便器そのものではなく、形状の似た容器を――ヌードル皿を焼くためのかまどに使ったそうである。

マルコ・ポーロは中国に紙幣があるとは一言も述べていないが、ハーンの像が刻印された、カインドゥの塩の固まりが通貨として使われていたことは描写している。ポーロの話で意外性があるのは、塩と中国の塩行政にまつわるものが多い。何日もかけてたどりついた丘にひじょうに純粋な塩があり、削り取るだけでよかったという話もある。カラザン地方の塩泉から皇帝が収入を得ていたこと、昌黎《しょうれい》では国家事業としても私的事業としても塩作りが行なわれていたこと、コイガンズでの製塩法と皇帝の利益のあげ方、などについて記している。塩について述べる場合には、皇帝が我が物にしてしまう国家歳入にかならずといっていいほど言及している。

ヴェネツィア商人たるマルコ・ポーロは、純粋に塩とその行政について興味があったのかもしれない。あるいは自分の本の読者層としてヴェネツィア商人が想定されるため、読者の関心を呼ぶだろうと考えたのかもしれない。だが彼が中国に行ったかどうかにかかわらず、本の主旨は、ヴェネツィア政府の塩の行政の発展、とりわけ地中海沿岸での塩の支配を励ますことではなかったか。

マルコ・ポーロの著作の影響力を量るのはむずかしい。だが、ハーン同様ヴェネツィアも塩に関する行政を発展させ、そこから巨万の富と権力を手に入れたことはまぎれもない事実である。

第六章　二つの港にはさまれたプロシュート

とくに塩分濃度が高いわけでもないアドリア海沿岸で、チェルヴィア商人やコマッキオの修道士やラヴェンナの大司教とともにヴェネツィア人が塩の貿易に励んだのはなぜだろう？　それは彼らの面前の海よりも背後の川に関係がある。ポー川はイタリア・アルプスを源流とし、半島を流れて沼の多いラヴェンナからヴェネツィアへたどりつく。ポー川流域平野はイタリア半島のなかでも特異な地形であり、それは地図を見れば一目瞭然だ。北はアルプス山脈、南はトスカナの緑の山地にはさまれたポー川両岸には太いリボンのような豊かな牧草地帯がつらなるのだ。農業には理想的な土地で、過去も現在もエミリア－ロマーニャの名で知られる豊穣な農業地帯になっている。

ローマ人は街道「ヴィア・エミリア」――現在は八車線のA－1スーパーハイウェイが走る――を建設し、ピアチェンツァ、パルマ、レッジョ、モデナ、ボローニャそしてアドリア海沿岸を結んで文化と商業の中心とした。この地方の農業は、商品を陸揚げできる港と農業に必要な塩の産地にめぐまれて栄えた。ポー川の両端にある商業の雄、地中海側の

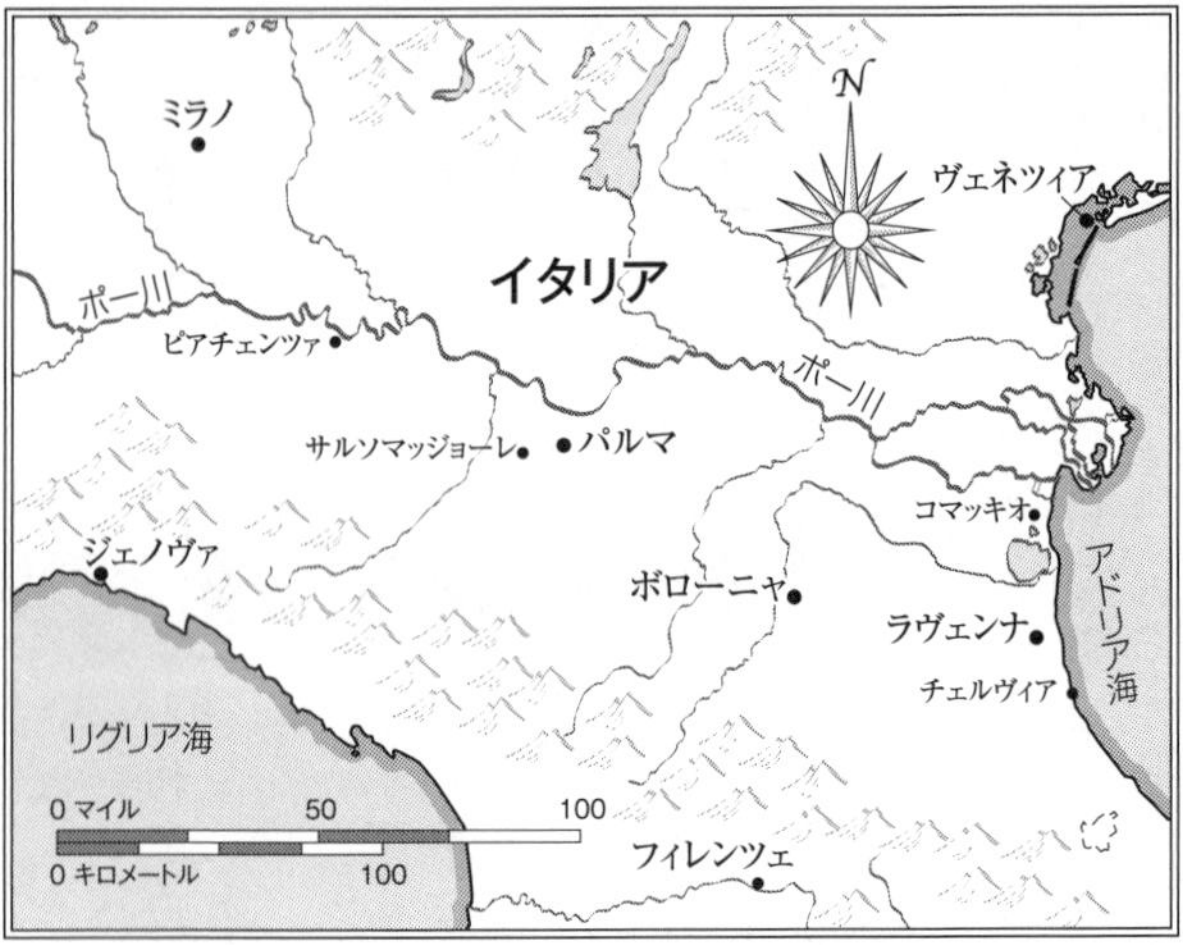

ジェノヴァとアドリア海側のヴェネツィアがしのぎを削り、中世の二大港となったのである。

ローマの街道をはずれたエミリア－ロマーニャの肥沃な平野には、ヴェレイアという古代ローマの廃墟がある。歴史家の困惑を招いたのは、ローマ人は都市の立地条件を明確にしており、ヴェレイアがそれにあてはまらないからである。ヴィア・エミリアから遠過ぎるだけでなく、山から吹き降ろす寒風にさらされる地点である。だがほかのイタリアの重要な都市と共通していたのは、塩の産地に隣接していたということだ。ヴェレイアは地下塩泉の上に築かれた都市であり、そのために塩の町サルソマッジョーレとして名を知られるようになったのである。

ヴェレイア最古の塩作りの記録は、紀元前二世紀のものだ。ほかの製塩所同様、ローマ帝国崩壊とともにそこを打ち捨てられている。その後、神聖ローマ帝国のシャルルマーニュ大帝が、ローマの先人たちにならい、塩を必要とする軍隊のために製塩所を再開した。「サルソ」という名称がはじめて登場するのは八七七年の文献だ。

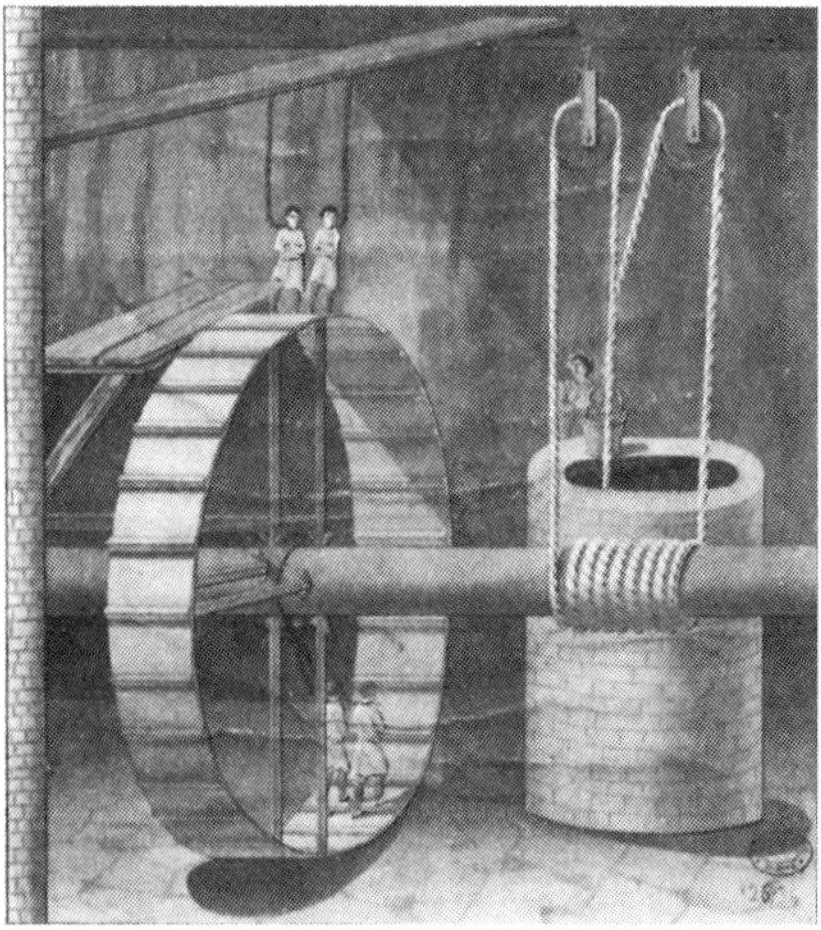

中世末期の版画。サルソマッジョーレで囚人が踏み車を踏んで塩水をくみ上げている（国立公文書館、パルマ）

古代塩井には、内と外に横木を張った巨大な踏み車が設置されていた。内側では、首に鎖をつけられた二人の男が横木を踏み、外側でもまた鎖をつけられた男が横木を踏んだ。こうして踏み車が回るとシャフトがロープを巻き込み、ロープが塩水の入ったバケツを引き上げ、その塩水は煮詰められた。つまり、塩井を管理したい公爵なり領主なりは、燃料用の木材が採れる森林を同時に管理しなければならなかったのだ。

パロヴィチーノ家は十一世紀以来、塩井を含めてあたり一帯を管理して

市が31の井戸を獲得したことを記録する、パルマ市役所の壁面のフレスコ画。雄牛はパルマの象徴。17世紀、役所の上に塔が倒れて、フレスコ画は損傷した（国立公文書館、パルマ）

いた。だが一三一八年、パルマ市が同家の井戸を三十一件も接収した。このできごとは重要視されたもようで、市役所にフレスコ画が描かれている。サルソマッジョーレの塩井の管理者がこの地域を支配してきたが、三十一もの井戸の支配権の移行により、権力が封建領主から市当局に移行したことがうかがえる。

七〜八世紀、シャルルマーニュ大帝がサルソマッジョーレの井戸を再開する以前、船乗りたちがアドリア海の塩をパルマにもたらした。この働きにより、彼らは金か物品を得ることができたが、そのなかにはパルマでもっとも有名な塩製品である「パルマの生ハム」も含まれた。

パルマは、海からの風が山頂に当たって雨を降らし、乾燥した風が吹き降ろす平野に位置するため、ハム作りには最適である。この乾燥した風が、塩漬けの豚の脚を腐敗させることなく乾燥、熟成させるために必要なのだ。ハムを乾燥させるための架け台は、いつでも風を受けられるよう東西に並べられていた。

ポー川流域クレモナ出身のバルトロメオ・サッキは、プラティナというペンネームで有名な十五世紀の作家である。彼はハムの品質を確かめるすべを、率直かつ簡潔に記している。

ハムの中央までナイフを突き刺し、においをかぐこと。においが良ければハムも良質、においが悪ければハムは捨てるべし。

パルマの香りの良いハムはイタリアじゅうに名をとどろかせたが、それはパルマ地方の乾いた風だけでなく、豚に与える良質の餌にもよるとされた。餌は地元のチーズ産業に関連がある。オリーブ油よりもバターが好まれたポー川流域は、イタリアで唯一の重要な酪農地帯である。プラティナは、それは嗜好よりも必要性の問題だと考えた。

北部および西部の人間のほとんどが、料理によってはファットや油の代わりにそれ（バター）を使う。温暖な気候の地域では、たいてい油が豊富ではないからである。バターは温かく湿り気があり、栄養価が高く食べると太りやすい。しかし、食べ過ぎると胃をこわす。

プラティナが、バターの太らせる性質を長所と考えていることに注目してほしい。だが、彼は塩を含めて食物の不健康な側面に言及することが多かった。

それ（塩）は、食欲増進の目的以外には胃に良いことがない。食べ過ぎると、肝臓、血液、目をやられてしまう。

おまけにプラティナは故郷の名産品、熟成チーズについても点が辛い。

フレッシュチーズは栄養に富み、胃の発熱や短気を抑えるが、無気力な人間には有害である。熟成チーズは消化しにくく、栄養にもとぼしく、胃腸に良くない。かんしゃく、痛風、胸膜炎、胆石のもとになる。一般的には、食後好きなときに少量食べれば、胃の開口部がふさがれて脂っこい料理からくる吐き気がおさまり、消化が促進されると言われている。

フレッシュチーズと熟成チーズのちがいは塩にある。イタリア人は、酸っぱくなる前に食べる凝乳を「リコッタ」と呼ぶが、これはイタリア半島のどこでも同じような製法で作られる。だがひとたび塩が加えられ、腐敗防止と熟成のためにチーズ作りの職人が塩水に漬ければ、どのチーズも個性を発揮しはじめる。

チーズの起源は明らかになっていない。動物の飼育と同じくらい古い歴史があるかもしれない。チーズに必要なものは、動物の乳と塩であり、家畜の飼育には塩が欠かせないことから、両者が同時に始まった例は枚挙にいとまがない。牛よりも山羊と羊の飼育が先に始まったように、山羊や羊の乳から作るチーズは牛乳のチーズよりも古いと考えられている。液体を動物の皮に入れて運ぶ習慣から、チーズができたのではないか。乳と動物の皮がふれるとすぐに凝固するからだ。

やがて牧畜にたずさわる者、おそらく羊飼いが、もっとうまく凝固させるレンネットを発見したのだろう。利用されるレンネットは通常、離乳していない哺乳類の胃の内膜の一部であり、乳を消化しやすくするレンニンという酵素を含む。離乳前のほうが乳を分解する能力が高いのだ。ここでも塩は重要な役割を果たす。胃の内膜は塩水に漬けられ、出産シーズンにしか採れないレンネットが一年じゅう使えるようになったのである。

ローマ人は地域だけでなく職人ごと、ときには同じ職人が作る固まりごとにちがうくらい多種多様なチーズを作った。

パルメザンチーズは、パルマとレッジョにはさまれた牧草地で作られるため、現在は「パルメジャーノ－レッジャーノ」と呼ばれる。起源はローマ時代かもしれないが、現在のパルメジャーノ－レッジャーノについての最古の記述は、十三世紀のものである。沼沢地帯が灌漑され、用水路が引かれ、豊かな牧草地帯が広がった時期だ。そのころ、地元のチーズ製造者たちが品質基準を定め、現在に至るまで厳守されている。パルマのチーズは国際的な名声を博し、以来高い利益をもたらす輸出品である。十四世紀フィレンツェでイタリアの散文の先駆者となったジョヴァンニ・ボッカチオは、『デカメロン』でパルマのチーズにふれている。十五世紀には、プラティナがイタリアで最高のチーズとたたえ、十七世紀になるとイギリスの日記作家サミュエル・ピープスが、ロンドンの大火の際、裏庭に埋めてパルメザンチーズを救ったと語っている。トーマス・ジェファーソンはわざわざヴァージニアまで取り寄せている。

パルマでは、チーズ、ハム、バター、塩、小麦の生産は完璧な共生関係にまで発展した。パルマの酪農製品で古今を問わず生産量がとぼしいのは、牛乳だ。数千年前のエジプト人が塩を売るより塩漬けの魚を売るほうがもうかると考えたように、ポー川流域のイタリア人も牛乳を売るより乳製品を売るほうが得だと考えたのだ。

パルマの農民は夕方乳絞りをして、牛乳をチーズ製造者のところで一晩寝かせる。朝になるともう一回絞る。チーズ製造者は前の晩に来た牛乳の表面のクリームをすくい、残ったスキムミルクに朝絞った全乳を混ぜる。すくい取られたクリームはバターの材料になる。混ぜた牛乳を加熱し、レンネットとバケツ一杯の乳清を加える。乳清とは、一昨日のチーズ作りで凝固した結果残ったものである。こうしてあらたに混ぜたものを、さらに高温だが沸点よりずっと低い温度で加熱し、四十分間冷ましておく。

この時点で牛乳は凝固し、ほとんど透明で高タンパクの液体が残る。この乳清が豚の餌となった。乳清はプロシュート・ディ・パルマの必須条件となり、パルメザンチーズを作る際できる乳清を食べた豚からしか、プロシュート（香辛料の効いたイタリアハム）は作られなくなった。このような豚のあまり美味でない部位は付近の町フェリーノに送られ、ひき肉にしてサラミとなった（「サラミ」はラテン語の動詞「塩漬けにする」から来ている）。

チーズ製造者はまた、週一回乳清と全乳を混ぜてフレッシュリコッタを作った。日曜のご馳走「トルテリ・デルベッテ」に間に合うよう、伝統的にリコッタは木曜に作られた。「エルベッテ」は「草」を意味するが、パルマではフダンソウに似た緑野菜の名前でもある。トルテリ・デルベッテはラビオリのようなパスタで、詰め物はリコッタ、パルメザンチーズ、エルベッテ、塩、そして十三世紀大流行し、ヴェネツィアとジェノヴァにばく大な富をもたらした二つの香辛料、黒コショウとナツメグだった。この料理は昔も今も、バターと碾いたパルメザンチーズだけをかけて供される。

現在のように塩辛くなる前は、バターは繊細な味わいを持っていた。ヨーロッパのバターの産地としては南端に位置するポー川流域では、とりわけその傾向が強かった。パルマ地方では、バター作りはチーズ製造者たちの特権だった――卸すにせよ小売りするにせよ、たいてい高値をつけた。今日でもパルメジャーノ－レッジャーノ地方でバターを売るのは、チーズ製造者である。

詰め物をしたパスタをバターソースにつける食べ方は、この地方のものがとりわけ美味である。地元の小麦はほかの地方のものにくらべてやわらかく、卵と混ぜると生なら濃厚で柔軟に、乾燥するともろく加工しにくくなる。乾燥パスタはオリーブ油同様、パルマにふさわしくないのだ。

チーズ製造所にはチーズマスターがおり、乳清の入った銅のバットのなかで指をうまく使って手を泳がせながら、形ができつつある凝乳をすくって押さえてまとめる。マスターがチーズができたと言うと、バットの中にチーズクロスが沈められ、マスターの指示で持ち上げられたクロスの上には乳清を漉した八十キロの凝乳がある。職人たちが重い凝乳の載ったチーズクロスを持っているあいだに、マスターが大きく平たい両手付きナイフで固まりを二つに切り分けるのだ。

二つのチーズはチーズクロスに包んだまま一日放置され、それから木製の型に入れられる。木製のチーズ型はラテン語で「フォルマ」と言い、チーズをあらわすイタリア語「フォルマッジオ」の語源である。すくなくとも三日おいたのち、四十キロのチーズが二つ塩水の浴槽のなかで毎日ひっくり返される。チーズの熟成は塩の緩慢な吸収で決まる。パルメジャーノ－レッジャーノ・チーズの円板の中心に塩が染み込むまでに二年を要するのだ。

その後チーズは乾きはじめる。したがって、このチーズは売って一年もすればつねに固く乾き過ぎ、塩辛過ぎると思われてしまう。プラティナが熟成チーズについて警告したのは、熟成し過ぎたものを念頭に置いていたからかもしれない。

プロシュート製造者はサルソマッジョーレで採れた塩を使ったが、チーズの製造者はヴェネツィアかジェノヴァが供給する海の塩を使った。十六世紀に権勢を振るったファルネシ家は五千頭のラバのキャラバンを組み、ジェノヴァのリグリア海岸（現リヴィエラ）から内陸のピアチェンツァまで塩を運んだ。そこで塩を荷船に載せポー川を下ってパルマに持ってきたのだ。アフリカや古代ローマと異なり、運搬路が一つだけ建造されることはなく、キャラバンごとに封建領主との取り決めにしたがって道を確保しなければならなかった。

パルマのようなポー川流域の都市には独自の塩の政策があり、地元で流通させる経費として、ヴェネツィアやジェノヴァから輸入する塩から収入を得ていた。このため、ジェノヴァ、ピアチェンツァ、パルマ、レッジョ、ボローニャそしてヴェネツィア間の裏街道では密輸が絶えなかった。

塩を輸入する代わり、ポー川流域からはサラミ、プロシュート、チーズを輸出していた。名高いやわらかな小麦と塩を交換することもあった。この交易のスタイルは時代とともに変わっていく。十八世紀、ブルボン王朝の支配下にあったパルマは、フランスのぜいたく品と塩を交換するいっぽう、ガレー船の奴隷とジェノヴァの塩を交換した。ジェノヴァもまた交易範囲が拡張したため、ガレー船をこぐ奴隷が必要になったのだ。パルマでは、ジェノヴァの船の奴隷になれば十年の刑を五年に軽減してもらえた。だがほとんどの奴隷は二年で死んでしまうので、絶えず補充する必要があった。

紀元前五世紀、まだローマ帝国支配下に置かれる前、ジェノヴァは地元のリグリア人でにぎわう港町だった。ジェノヴァはローマ人、カルタゴ人、そしてまたローマ人、ゲルマン民族、イスラム教徒に征服された。十二世紀に入ってやっと、ヴェネツィアと同じく商業を旨とする独立都市国家になったのだ。

ジェノヴァは、フランスのトゥーロンにほど近いイエールという町から塩を買いつけた。イエールは「干潟」を意味し、おそらく塩干潟を指したものと思われる。かの地で塩が採れたことは確認されている。だが十二世紀、ジェノヴァ商人はイエールに天日乾燥用の池を作り、重要な製塩地に変えた。イエールが成功をおさめたため、ピサのサルディニアの塩交易が衰退した。するとジェノヴァの塩商人はサルディニアに乗り込み、カリアーリにもまた天日乾燥の池からなる製塩所を作り、地中海有数の塩の産地とした。

ジェノヴァ人はまた、バルセロナの南方にあるイベリア半島の地中海沿岸のトルトサからも塩を買った。トルトサはエブロ川河口に位置する。カタロニアからアラゴンを経由し

カルドナの版画『スペインの歴史的景観』（1807～1818年）から。城は山頂にあり、川のほとりの塩の山を眼下に見る。製塩業者の住む町が遠方に見える（カタロニア図書館）

てバスク地方へと、イベリア半島でもっとも繁栄した地方を結ぶ水路の起点である。トルトサはムーア人に塩を提供してきたが、ジェノヴァもかかわるようになる十二世紀には、アラゴンに比肩するバルセロナの港になっていた。

カタロニア内地の山地ではカルドナの公爵が、バルセロナでジェノヴァ人が塩を販売することをにがにがしく思っていた。八八六年、容貌くらいしか伝わっていない「毛むくじゃらのウィフリド」が、バルセロナから八十キロ内陸にある山上で、打ち捨てられていた八世紀建築の古城を建て直した。荒れた僻地の山頂に住んだウィフリドは厚い石の城壁から、自分の富である隣りの山をのぞき見ることができた。

山は美しい縞模様に彩られ、ながめてあ

きなかった。サーモンピンクの岩に白、茶色がかった灰色、真紅の縞が入っている。それはすべて岩塩だった。塩は水溶性なので、雨が降るたびに山肌に細長い模様が刻み込まれる。岩塩鉱内部では、ピンクの縞模様の坑道を、雪のように白い結晶の鍾乳石が飾っている。石灰岩の割れ目からもる雨水を塩がせき止めたため、鍾乳石は長いつららのような形になっている。この塩の山は、エブロ川から分かれた湾曲する浅瀬のわきにそびえており、遠くでは豊かな緑の平野とゆるやかな段をなす傾斜地が耕され、雪をいただくピレネー山脈も見えた。

城主たちはまた山の所有者でもあった。山の奥には、製塩をなりわいとする湿気の多い茶色の村がある。木曜日には、製塩所の男たちは自分のために塩を採ることを許された。遅くとも十六世紀にはこうした男たちは、ピンクの大理石模様の岩塩を彫って小立像を作っていたようだ。やわらかく水溶性なので、彫るのも磨くのも簡単だった。

塩の山の周囲でも、地表の二、三層を除いて地下は岩塩からなり、雨が降れば地表に白い粉が染み出る。紀元前三五〇〇年にすでに塩を採っていた形跡がある。先史時代のもので、長さ十五センチの黒い岩石の両端がそれぞれつるはしと、すくう道具になった石器が発見されている。

カルドナ最古の塩に関する記述はローマ人が残している。彼らは海の塩を好んだが、カルドナの岩塩も良質だと考えていた。九世紀、カルドナの公爵はほかのカタロニア語圏の封建領主たちとともに、バルセロナの伯爵のもとで団結していた。カタロニアには固有のラテン語系の言語があり、強大な商業国となっていた。地中海沿岸に領土を拡大し、北はピレネー山脈から南はスペインにまで勢力を振るっていた。

中世のカタロニアにとって、カルドナはハム、ソーセージ用の塩の供給地だった。首都バルセロナの港から、塩はヨーロッパ各地に輸出され、カルドナの塩は中世の代表的岩塩となった。だが十二世紀にはジェノヴァがバルセロナに塩を運搬した。カルドナの公爵のやり方で八十キロの陸路を運ぶよりも、ジェノヴァのように海路を運ぶほうが運搬費が安かったのだ。カルドナの塩商人は、バルセロナの市場を失うにつれ、ジェノヴァに塩を売りはじめた。

一二五〇年以降、ジェノヴァ人は地中海を縦横に行き来し、黒海、北アフリカ、キプロス、クレタ、イビサの塩も買うようになった。多くの製塩所の独占権を、ヴェネツィアと争った。ジェノヴァはイビサを地中海一の製塩地に発展させた。

塩はジェノヴァの交易の動力源だった。買いつけた塩からサラミを作り、それを南イタリアで売って生糸を買い、生糸をルッカで売って繊維を手に入れた。繊維は絹織物の中心地リヨンで売った。ジェノヴァがヴェネツィアと競ったのは、塩だけでなく、織物や香辛料のように塩と交換できる商品も欲したからである。

ジェノヴァ人は海洋保険、金融業、巨大な船による大西洋航海においてパイオニア的存在だった。船は地中海貿易でバスク人から買い、あるいは借りた。こうした船は積載量が大きく、復路では塩を積む空間がじゅうぶんにあった。彼らはどこに行っても、帰り道に塩を積み込むための製塩所の支配権を手にすることをおこたらなかった。

しかし勝利をおさめたのはヴェネツィアだった。ヴェネツィアのほうが結束の高い組織を持ち、塩にたいする補助金という制度を確立していたためである。塩をめぐる争いが高じてキオッジアの戦い（一三七八～一三八〇年）が起きたとき、商艦隊を戦艦にできるヴェネツィア側の勝利は明らかだった。ヴェネツィアは地中海貿易の独占をはばむ唯一の強敵ジェノヴァを打ち破ったのである。

だが、のちにヴェネツィアの海洋帝国を崩壊させたのは、クリストフォロ・コロンボ（クリストファー・コロンブス）とジョヴァンニ・カボートという二人のジェノヴァ人である。二人ともジェノヴァを代表して航海したわけではなく、カボートはヴェネツィアの市民権を取っている。ヴェネツィアの終焉の発端は一四八八年、ポルトガルの船長バルトロメウ・ディアスがアフリカの喜望峰を通過したことである。一四九二年には、その反対側のインド航路を探していたコロンブスが、スペインの依頼で再三にわたる航海を始め、これが新しい貴重な香辛料の大西洋横断貿易の幕開けとなる。そして一四九七年、ジェノヴァ人からヴェネツィア人となったカボートは、ジョン・カボットの名でイングランドに渡った。これもまたインド航路を発見するためであったが、帰国後、彼は北アメリカとタラ漁場の豊かさについて世間に公表した。同年、ポルトガル人ヴァスコ・ダ・ガマがアフリカを回って翌年インドに到着し、二年後に帰国した。これが、ヴェネツィアにとって決定的な打撃となった。新大陸との交易のために大西洋が必要になったのに加えて、このポルトガル人が大西洋岸の港からインド洋と香辛料の産地への道を開いたのだ。重要な貿易航路は、もはや地中海ではなく大西洋だった。

十五世紀以後、地中海は西洋世界の中心の座を降りる。ヴェネツィアもまた地の利を失うが、それでも独立にこだわったため、地中海とともに没落する。

ジェノヴァは新しい現実に負けを認め、スペインの黄金時代は、威勢を増す大西洋の覇者のために銀行、金融面でおおいに働いた。そのため、ジェノヴァは商業の中心地の座を追われることなく、今日でも地中海有数の港湾都市である。だが地中海自体はもはや主要な海路ではない。

第二部　ニシンのかがやきと征服の香り

革命フランス軍によりローマが征服され、教皇ピウス七世がローマを去らねばならなかったとき、ロンドンの商業会議所はニシン漁のことを案じていた。教皇がローマ退去を余儀なくされたのだから、イタリアはプロテスタントの国になるだろう、というのが一人の委員の見解だった。「天よ、助けたまえ」ほかの委員が叫ぶ。最初の委員が訊く。「良きプロテスタントがふえるからといって、何をうろたえているのだ」相手は答えて、「そうではない。カトリック教徒がいなくなったら、ニシンをどうしたらいいのだ?」

——アレクサンドル・デュマ著『美食大事典』一八七三年

紀元七世紀には、西ヨーロッパの人間は皆、インド－ヨーロッパ語――青銅器時代のヨーロッパへのフン族の侵入から派生した――を話した。唯一の例外がバスク人だ。大西洋岸の小さな山岳地帯は、その後一部がスペインに、一部がフランスになったが、その文化、言語、法律のいずれも、ケルト人やローマ人を含めた幾多の侵略にも影響されることはなかった。

バスク人は唯一無二の特色を持った民族である。その特徴の一つが、捕鯨だ。彼らはほかの民族が商業的な捕鯨を始める何世紀も前から、クジラ捕りだった。その最古の記録は、六七〇年にバスクの沿岸にあったラプール（現フランス）から、フランス北部に鯨油を四十壺売ったときの請求書である。

その後数世紀にわたる捕鯨において、クジラの脂を煮詰めた鯨油が一番価値ある部位だった。骨、何百本もの歯をはじめとする骨状の部位もまた高収入をもたらした。象牙類としてはとりわけ耐久性があったからだ。だが中世なかば、バスクに富をもたらしたのは、クジラから採れる大量の脂と赤身の肉だった。

中世カトリック教会は、宗教日の肉食を禁止したが、七世紀にはそのような日が劇的にふえた。四世紀に始まった四旬節の肉抜きの習慣が四十日間になったのに加え、毎週金曜日、すなわちキリストがはりつけにされた日にも、肉食が禁止されることになった。結局年の半分が「肉抜き」の日になってしまい、食事に関する禁止事項は厳格に守られた。イギリスの法律では、金曜に肉を食べた者はつるし首の刑に処せられた。記録上ではこの法は、ヘンリー八世がバチカンと決別する十六世紀まで存続している。

「肉抜きの日」には性交も禁止され、食事は日に一回とされた。赤身の肉は「熱い」から催淫効果があるとして、禁止された。それでも水棲の動物——ビーバー、ラッコ、イルカ、クジラは尾は良くても身はだめ——は「冷たい」とみなされ、宗教日でも食すことを許されている。

こうした理由で、イルカは中世の食事に関する文献にはたいてい載っている。材料には高価なものが多く指定されており、イルカが貧者の食べ物でなかったことがわかる。次にあげるイギリスのレシピは、高価なアジアの香辛料を含んでおり、十四〜十五世紀に手書きされた原稿だが、内容的にはもっと古いものだと思われる。

《イルカのガレンテイン》

イルカの肉を用意し、皮をはぐ。指より細めにスライスする。赤ワインにひたしたパンを用意する。シナモンとコショウを碾いてかける。ゆでてから、ショウガ、酢、塩で味付けする。

新鮮なクジラの肉も金持ちの食べ物で、舌はたいへん美味だった。どんな動物でも塩漬けの舌は好まれたが、クジラはことに珍重された。貧乏人にはクラスポワ（別名グラポワ）があった。これはクジラの脂身の切り身で、ベーコンのように塩漬けされ、フランス語で「四旬節の脂肉」と呼ばれることもあった。赤身の肉が禁止されている期間、農夫が食すことができた食品の代表的存在だったからだ。一日中火にかけても、クラスポワは固くてかみにくかった。つけ合わせは豆で、金持ちならクジラの舌といっしょに食べるものだった。それでも、ルーアンの商人はロンドン・ブリッジで、高い関税を払ってイギリス人にクラスポワを売った。つまり、この塩漬けのクジラの脂身はイギリスではぜいたく品だったのだ。フランスの農夫の食べ物が、イギリスの裕福な人間のために販売された例は、その後も見られる。

一三九三年、名前は伝わっていないが、ある裕福な年配のパリジャンが十五歳の若妻のために長々と家事の心得をしたためた。『メナジェ・ド・パリ』の名で知られる同書には次のような料理法が載っている。

クラスポワとは、塩漬けのクジラの肉のことである。スライスして背脂のようにゆで、豆とともに供すること。
当時の豆は乾物で、今日のインゲンマメなどと同じように調理された。この料理はポーク・アンド・ビーンズに似ている。

肉抜きの日に豆を調理する場合、豆と同じくらい長時間かけてゆでたタマネギも用意する。肉食の日なら、別の鍋でラードを熱してから、豆とスープストックを加える。四旬節には、豆をゆでるあいだ、うすくスライスしたタマネギを別の鍋でゆでる。すべてに火が通ったら、タマネギをいためて、半分は豆に、半分はスープストックに加え、塩をふる。四旬節の期間は、ラードの代わりにクラスポワを使うこと。（『メナジェ・ド・パリ』一三九三年）

七世紀、バスク人はすでに海岸沿いの高所に石造の塔を建てていた。現在でもその二つが残っている。塔にのぼった見張りが黒光りする背中から潮を吹くクジラを見つけると、クジラ捕りに向けてクジラの居場所と大きさ、近くに何頭くらい仲間がいるかを伝える暗号を叫ぶ。巨大な魚に気づかれないよう祈りつつ、漕ぎ手五人、船長、銛打ちは静かに船を出す。いつの時代も頑健で知られたバスク人は、伝説的な銛《もり》打ちを生み出した。眠れる怪物の背深く銛を打ち込む力持ちの大男たちだ。

九世紀、クジラ産業で栄えるバスクに、ヴァイキングが侵入してきた。「ヴァイキング」は、古代スカンディナヴィア語で「立ち去る」を意味する、「ヴィカ」から来ていると考えられている。故郷を立ち去り、富を求めたスカンディナヴィア人を指している。彼らはジェノヴァやヴェネツィアのような中心地は持たず、また北方の故国には交易品になるようなものはほとんど存在しなかった。塩が採れる場所があったなら、ケルト人のように塩漬け肉を売ったり、フェニキア人のように塩漬けの魚を売ったりしただろう。だが、塩がなくては肉も魚も腐敗しやすく、ヴァイキングが取引できるものといえば、セイウチの牙やトナカイの枝角から作った道具だけだった。彼らは交易品になるものを求めて、北ヨーロッパの海岸を襲い、人々をさらって奴隷として売った。ヴァイキングが残酷だったと記憶されているゆえんである。

だが彼らが独創性に富んでいたことも確かであり、卓越した船大工であり勇敢な船乗りであり、また抜け目ない商人でもあった。自分たちがつかまえた奴隷と引き換えに、銀、絹、ガラス製品などを手に入れ、スカンディナヴィアの上流階級の生活を変えたのだ。足の速い船に乗り、イギリスとフランスの海岸を襲撃した。八四五年以降、この襲撃は大規模集団による作戦活動となった。テムズ川とロワール川の周囲を基点として、遠距離をものともせず襲撃と商取引に出かけていった。交易の相手はロシア、ビザンティン帝国、中東である。ロンドン、パリも含むヨーロッパの大都市が、平和裏に立ち去ることを要求してヴァイキングに金を払った。

九世紀のヴァイキングは、バスク地方の北境、アドゥール川にも活動拠点を持っていた。ヴァイキングがバスク人に船作りを教えたという記録は残っていない。だが当時、ヴァイキングの船の船体は板材を重ねて作られており、このころ、バスク人が同じ方法で船体を作りはじめ、まもなくヨーロッパ随一の造船技術で知られるようになったことが判明している。

頑丈で長距離航行できる船には大きな貯蔵室もあり、バスク人はもはやビスケー湾で冬にクジラを捕るだけではなくなった。船に手漕ぎボートを積み込み、千マイル以上も航海したのだ。八七五年、ヴァイキング襲来後一世代しかへていないにもかかわらず、バスク人は千五百マイルも先のヴァイキングの所有するフェロー諸島に到着していた。

冷たい北国の水中に、バスク人はクジラより利益をもたらすものを発見した。大西洋のタラである。この大型の底魚は保存が効いた。白身にほとんど脂がないからだ。脂肪は塩分を吸収しにくく、脂肪の多い魚は全身に塩が浸透するまで時間がかかり、塩をしたあと樽に強く押し込まなければならない。しかしタラは塩をかぶせておくだけでよい。また脂っこい魚は保存するとき、変質するから空気にふれさせてはいけないのにひきかえ、タラや仲間のハドック、ホワイティングは、塩漬けにする前に空気乾燥させることができる。これでますます保存の効果が発揮されるのだが、アンチョビーやニシンのような脂っこい魚では無理な方法だった。

ヴァイキングはタラについてバスク人に話したり、売ったりしたのだろうか？　確かにスカンディナヴィアで捕れるタラには精通していただろう。アドゥール川に到着して一世紀もたたないうちに、ヴァイキングの一団がアイスランドに定住し、それからグリーンランドに進み、一〇〇〇年にはすでにニューファンドランド島に来ていた。行った先ではいつもタラを捕り、北方の空気にさらして干していた。干しダラが交易品になると気づくと、すぐにアイスランドに乾燥用の基地を築き、輸出品を作った。

何世紀もローマ帝国に囲まれてきたバスク人にとって、塩漬けの魚はありふれた食べ物であり、クジラの肉を塩漬けすることも簡単に考えついた。そして今度はタラの塩漬けを始めた。市場はぼう大だった。かつてローマ帝国だった地域では、どこでも塩漬けの魚を食べていた。タラを真水に一日か数日さらすと、それまで食べていた黒ずんで脂っぽい地中海の魚よりも、身はより白く脂身が少なく、そして美味になった。脂肪がないため、干して塩漬けにした塩ダラは板のように固くなり、台車に積んで温暖な地中海沿岸でも運搬していくことができた。クラスポワより味がいいのに入手しやすく、かつ「魚」であるので、タラは祝日に食べてもよいと教会も認めた。もっと豪華な料理を望んだ者には、ぜいたくな材料と組み合わせるだけでじゅうぶんだった。

タイユヴァンことギョーム・ティレルは、フランスでシャルル五世の料理長をつとめていたが、王のためにはじめてキャベツ料理を作っている。偉大なフランス料理の伝統にのっとり、彼も子供時代にノルマンディーの王室の厨房で見習いとしてスタートした。見習いの仕事は、ふいご番、巨大なロースト肉用焼き肉器を回すこと、大きなストック鍋をつるす鎖を上げ下げすることだ。一流の料理人の基礎とされる、塩漬け肉の脱塩もした。タイユヴァンというあだ名は「ジブ」、すなわち小型ですばやい多機能の帆船を意味する。彼の手になる四つの異なる原稿が発見されている。いずれも日付は不明だが『ヴァンディエ』という題の料理法を書いた巻物で、一三三〇年から一三九五年まで生きた料理人の本であることからすれば、同書が『メナジェ・ド・パリ』より古く、フランスで現存する最古の料理本であると考えられる。

タイユヴァンはこう書いている。「塩ダラはマスタード・ソースか溶かしバターをかけて食べる」。『メナジェ・ド・パリ』にも同じことが書かれているが、現在でも最良と思われる塩ダラのもどし方も記載されている。「塩ダラは、水につける時間が短過ぎると塩辛い。長過ぎればうまくない。したがって買ったらすぐにかじって味見をするべし」

疾風怒濤《しっぷうどとう》の十七世紀、王党派の料理番をつとめたロバート・メイは、塩ダラはパイにするのがいいとすすめている。

それ（塩ダラ）は、ゆでてから皮と骨を取り除き、ピピン（リンゴ）といっしょにみじん切りにする。ナツメグ、シナモン、ショウガ、コショウ、キャラウェイ・シード、刻んだ干しブドウ、バラ水、刻んだレモンピール、砂糖、スライスしたナツメヤシ、白ワイン、ヴァージュース（すっぱいフルーツジュース、この場合はおそらくリンゴジュース）、バターで味付けし、パイに詰めて焼き、冷ます。（ロバート・メイ著『一流の料理人』一六八五年）

タラ

タラは北方の海にしかいなかったが、塩ダラ料理はヨーロッパじゅうに広まり、新鮮なタラが手に入らない南ヨーロッパで熱烈に歓迎された。カタロニア人は塩ダラが大好物で、一四四三年ナポリを占領したときには南イタリアにまでそれを運んでいった。以下は、ナポリの方言で書かれた料理本としては最古のものに記載されている。

《塩ダラの平鍋料理》

かならず大きく背中の黒いタラを選ぶこと。そのようなタラが一番塩に漬かっているからである。よく塩抜きする。平鍋に風味の良い油を引き、みじん切りのタマネギをいためる。あめ色になったら水少々、干しブドウ、パインナッツ、刻んだパセリを加える。煮立ったらタラを入れる。

トマトが旬の季節なら、全体に火が通ってからトマトを加えてもよい。(イッポリト・カヴァルカンティ［一七八七〜一八六〇年］著『ナポリの方言による家庭料理』)

北方ヨーロッパで漁を行なう国はこぞって、ばく大な富をもたらす急成長中の塩ダラ市場への参加を望んだ。北方にはタラがあっても塩はなく、ここでもまたヴァイキングが鍵をにぎっていたのかもしれない。ヴァイキングの初期の活動拠点の一つが、ロワール川河口にあるノワールムーティエ島だった。フランスの大陸部分に近接するこの細長い島の三分の一は、天然の塩の干潟であり、定期的に大潮が来て新鮮な海水を満たす。ヴァイキングは長年、天日乾燥で海塩を作ることに関心を持っていた。ヴァイキングの七世紀の製塩活動の軌跡が、ノルマンディーに残されている。だが北方の気候のもとでは、製塩の能率はあがらない。雨が多く陽光にもめぐまれないところだ。ここノワールムーティエにおい

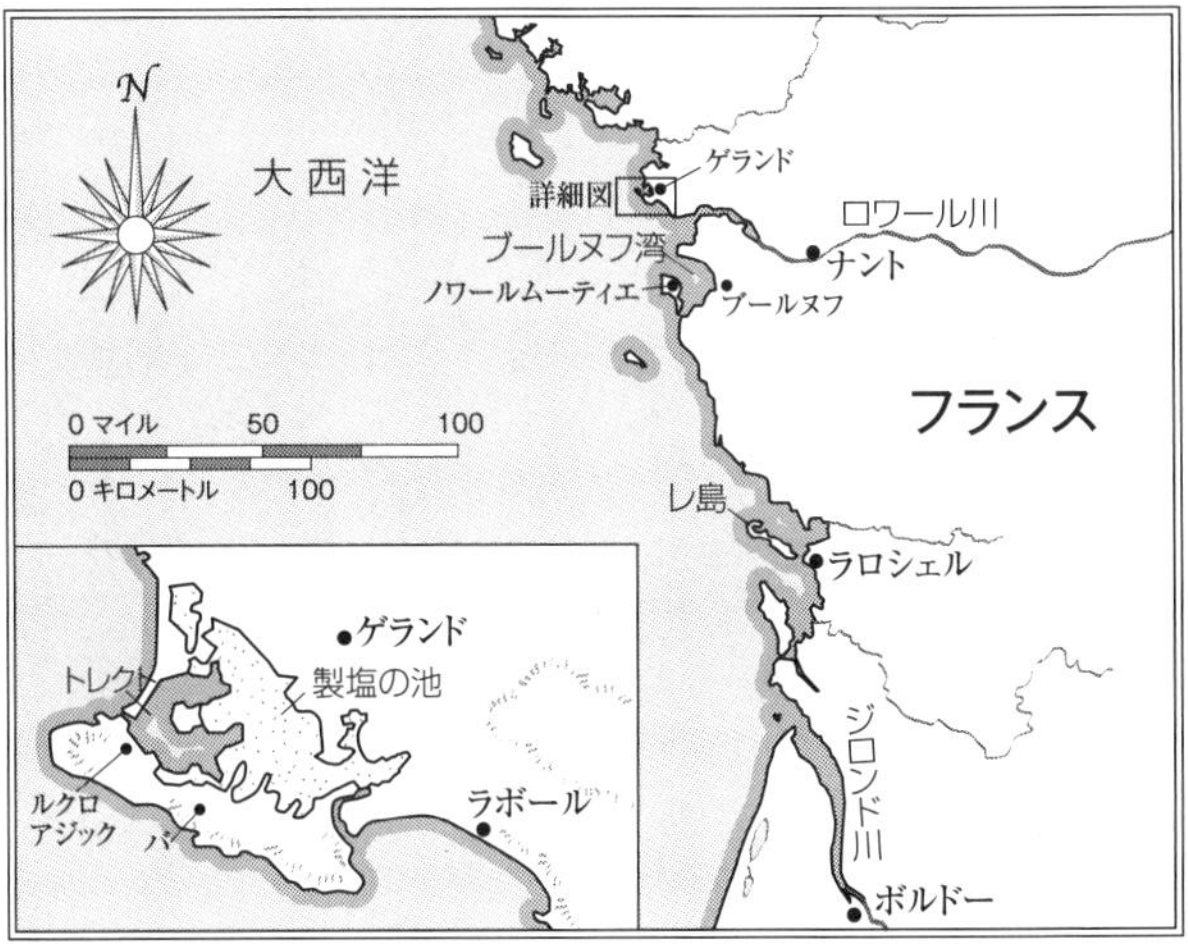

て、あるいはほど近い本土のブールヌフやゲランド、南方百キロのレ島において、単一の池ではなく人工池を複数作って天日乾燥させるようになったのが、正確にいつからかは判明していない。バスク人に造船技術を教えた記録がないように、ヴァイキングがここで人工池の技術を伝えたという証拠もない。しかし、ヴァイキングが来た頃に塩の生産量が増大し、九～十世紀ごろ池が作られたこと、ヴァイキングがスペイン南部で複数の人工池を見たことは報告されている。ゲランドはケルト人が活躍したブルターニュに属するので、民族主義的傾向のあるブルターニュの歴史家は、ヴァイキングではなくケルト人が人工池を創案したと主張するが、それも可能性がある。より確実なのは、ヴァイキングがこの地域で作

られた塩をバルト海沿岸諸国にもたらし、中世末期およびルネッサンス期においてもっとも重要な塩の交易ルートの一つを打ち立てたということだ。

ヨーロッパ人が、海水を天日乾燥させるのが一番経費のかからない製塩法だと気づいてから、ブルターニュ半島の南側のブールヌフ湾沿岸は製塩の中心地となった。ブールヌフ湾一帯は、海塩を天日乾燥できる気候帯としてはヨーロッパ最北端である。ここはまた勢いを増しつつあった大西洋沿岸という地の利にめぐまれ、塩を内陸に送ることができる川にも隣接していた。ロワール川河口北にはゲランド、南にはブールヌフがあり、ノワールムーティエにも面している。


アイスランドに残留したヴァイキングは、アイスランド人となった。別の一団はフェロー諸島に残った。だが大半のヴァイキングは、パリを襲撃しないことを条件にセーヌ川流域の一帯を与えられた。彼らはフランス北部に定住し、一世紀もしないうちにフランスの方言を話すノルマン人として知られるようになる。やがてヴァイキングは歴史から姿を消す。

その間、バスクの船は塩を満載して出帆し、タラを山積みにしてもどっていた。彼らはクジラ市場と同様、急成長する塩ダラ市場を独占し、捕鯨の技術をタラ漁に応用した。有能な漁師たるバスク人は、大型の船に小型の手漕ぎボートを搭載し、遠洋に出てタラの漁場を見つけると手漕ぎボートを下ろすのだ。これがヨーロッパでのタラ漁の標準的な型となり、一九五〇年代、ブルターニュとポルトガルの船隊がエンジン付きの船にスタイルを変え、底引き網を使うようになるまで続いた。

中世には、ブリテン諸島、スカンディナヴィア、オランダ、ブルターニュ、フランス大西洋沿岸の漁師たちもタラを捕ったが、大量に塩ダラを持ち帰ったのはバスク人だけである。ブルターニュ人は、バスク人が海の向こうでタラの王国でも発見したのではないかと疑うようになった。十五世紀初頭にアイスランド人は、バスクの船が自国の沖を西方に進んでいるのを目撃している。

ジョン・カボットの一四九七年の航海以前、大航海時代に先駆けて、バスク人は北アメリカに到着したのだろうか。十五世紀、大西洋で漁にたずさわる者たちはみな、そう信じていた。だが物的証拠は皆無で、歴史家の多くは懐疑的である。ヴァイキングが北アメリカに行ったことについても彼らは、長年疑っていた。だが一九六一年、紀元一〇〇〇年のものとされるヴァイキングの泥炭の家の遺物が、ニューファンドランド島のランス・オー・メドウという土地で発見された。一九七六年には、バスクの捕鯨拠点の遺跡二件がラブラドル沿岸で発見された。ただしその二件は一五三〇年のものである。マルコ・ポーロの中国への旅と同じように、コロンブスに発見される前にバスク人が北アメリカに行ったのはありえないことではないが、証明されたことは一度もない。

漁師は良い漁場のことは秘密にするものだ。バスク人もまたこの秘密は守ったし、ほかの国の人間もそうだろう。カボットより十五年も前にイギリスの漁師がタラを求めて北アメリカまで行きついたらしい形跡がある。ポルトガル人は、自分たちの先祖がカボットより先に北アメリカまで航海したと信じている。

一方、探検家たちは自分たちの発見を主張することに熱心で、新世界で想像を絶する大量のタラを見たと言い張った。ミラノ公爵のロンドン使節ライモンド・ディ・ソンチーノは、カボットのクルーが船端にかごを下ろしタラをすくい上げているという話を聞いた、との報告書を送っている。

カボットの航海のあと、ブリストル、ブルターニュ半島のサン－マロ、フランス大西洋沿岸のラロシェル、ケルトのガリシア地方だったスペインのラ・コルニャ港、ポルトガルの数々の港など、ヨーロッパ各地から北アメリカを目指して大がかりな遠洋漁業の旅が始まった。これに加わったのが長らくクジラとタラの漁港であったバスクの港町だ。フランス側ではバイヨンヌ、ビアリッツ、ゲタリー、サン－ジャン－ド－リュ－ズ、エンダイエ、スペイン側ではフエンテラビア、サラウツ、ゲタリア、モトリコ、オンダロア、ベルメオ。これらの何百にもおよぶ船団には「マスター・ソルター」と呼ばれる上級船員が乗り、塩の量、乾燥の手順などについてのむずかしい判断を下した。塩が多過ぎても少な過ぎても漁獲は台無しになってしまうのだ。

中世、塩は食物の保存以外にもさまざまな産業で利用されていた。皮の保存、煙突の掃除、はんだづけ、陶器のうわぐすり、そして歯痛、腸の不順から「気鬱」まで多くの症状に効く薬としても使われていた。だがカボットの大航海以後の爆発的な塩ダラ産業の成長ほど、塩の消費量を高めたものはない。塩だけが魚の保存にふさわしいと思われていたからだ。

ポルトガル人にとっては、塩ダラ貿易が漁業と製塩業の発展をうながした。リスボンは大きな川の小さな開口部に築かれた町だ。上流のアヴィエロには沼沢が広がり、塩作りにとっては理想的な土地だった。ここは十世紀以降、ポルトガル有数の製塩地となる。だが消費が増大するにつれ、首都リスボンの南でそこに似た入り江に築かれたセトゥバルの製塩所が国内随一の製塩地となった。セトゥバルの塩は結晶が大きく乾燥して白いので、ヨーロッパじゅうで評判を呼んだ。魚とチーズの保存にはこれが最適とされた。

十六世紀にタラの人気が沸騰するまでは、ラロシェルは川筋をはずれているために主要な港ではなかった。だがレ島のそばにある大西洋岸の港という点が有利に働き、突如としてニューファンドランド向け漁業のヨーロッパ起点として主要な存在になる。カボットの一四九七年と一五五〇年の航海のあいだの記録によれば、ヨーロッパからニューファンドランドまで百二十八回の航行があった。その過半数がラロシェル発で、レ島産の塩を大量に積んで出航している。

ブルターニュの漁港は塩の面でもめぐまれていた。フランスでは塩税は重かったが、ブルターニュにあるケルト公爵領をフランス王国に併合する条件として、忌み嫌われたフランスの塩税「ガベル」はこの半島では免除されていた。ブルターニュの港は半島の北側にしかなかったものの、ゲランド、ノワールムーティエ、ブールヌフといった製塩所からさほど遠くなかった。

北方ヨーロッパ人は魚は捕れても塩を持たず、南方ヨーロッパ人は塩があってもタラを捕っていなかった。バスクには両方なかったが、自力で両方を勝ち取っている。十三世紀、バスク人は造船技術を駆使して海塩をかなり供給できるようになっていた。ジェノヴァに大型で良質の船を輸出し、代わりにイビサ島の製塩所との取引の権利を得たのだ。

イギリスは技術と野心を備えた漁船団のみならず強力な海軍を有していたが、海塩を持っていなかった。イギリス海峡沿岸では、塩を含んだ砂を洗ったり海水を煮詰めたりして、塩を採っていた。このやり方は、海水を天日乾燥させる方法よりも経費がかかり生産性が低い。「魚の保存など目的によっては、イギリスの白い塩や岩塩は、フランスから輸入するベイソルトほど良くない」とは、ロンドンの医者ウィリアム・ブラウンリッグの『コモンソルトの作り方』（一七四八年）における主張である。

彼が言った「ベイソルト」とは、天日乾燥した海塩のことである。ドイツ人は「バイザルツ」と呼ぶ。「ベイ」はブールヌフ湾から来ている。ゲランドからレ島までの海岸地帯は有数の製塩地帯だったため、ベイソルトといえば天日乾燥させた海塩と同義語だった。だが、ほかにもっと良質の塩もあった。泥炭を煮詰めて作る北方の塩や、セトゥバルに代表される南方の塩は、はるかに白く、つまり純度が高かった。フランスのベイソルトは、灰色とも黒とも言われ、ときには緑と形容されることもあった。それでも北方のヨーロッパ人にとっては、粒が大きく安価で、なんといっても近場で採れる塩だったのだ。裕福な家庭なら食料の保存にはベイソルトを使い、食卓にはもっと高価な白い塩を載せた。中流家庭は安価なベイソルトを買い、塩水に溶かし、それを煮詰めてもっと純度が高い結晶を作って食卓に出していた。『メナジェ・ド・パリ』は「白い塩の作り方」と題してそのような方法を述べている。

ローマ帝国の侵略をまぬがれたわずかなケルトの土地のうち、大西洋岸には驚くほど類似した地形がある。ブルターニュ南部の低地は、引き潮のときは泥の浅瀬や風変わりな水路と池が広がり、南ウェールズによく似ている。かの地の詩人ディラン・トーマスは故国を「水につかった土地」と呼んだが、狭い河口で大西洋につながった四百平方キロの内海に面するゲランドを見たら、同じように形容したことだろう。満潮時はたいへん波が高く、エスクーブラという町などは十四世紀に完全に押し流されてしまった。その後製塩業者たちは、海と沼沢地をへだてる二十七キロにおよぶ防波堤を築いた。十八平方キロの製塩用の池を洪水から守るこの防波堤は、現在でも製塩業者たちによって維持されている。ここでは塩作りをする者は「パルディエ」と呼ばれている。沼地で働く者、という意味だ。「トレクト」と呼ばれる潮の干満のある地域では、二本の水路が複雑に組み合わさった大小の池に流れ込んでいく、より細い水路につながっている。パルディエは小さな木製の堰の栓をいくつも操って海水を自分の池に流し込む。栓を抜いたときの穴の高さによって水位が決まるのだ。パルディエは柄の長い木製の熊手で結晶をすくい、池の周囲の盛り土の上に積み上げる。結晶の山を風にさらし、乾いたら一輪車で運ぶ。これは技術のいる作業だった。粘土質の底面をかきみだすと、塩が黒くなってしまうからである。

夜になると、乾いた風が吹いて水面に結晶が浮かび上がってくる。女性たちが長い柄の先に板のついた道具で表面のフルール・ド・セルをすくう。フルール・ド・セルはほかの塩よりずっと軽く、繊細な手先が必要だと思われたので、これをすくうのは女性の仕事だった。だが頭の上に全部で四十キロにもなる「軽い」塩を盛ったかごを載せて運ぶのも女性だった。

ブルターニュの人々はケルト人の子孫であるから、ウェルキンゲトリクスの話していた言語から派生した言葉を話した。パルディエたちは一九二〇年代まで、その言葉を話していた。ゲランドという地名は、ブルターニュの名詞で「白い土地」をあらわすグウェンランから来ている。プール・グウェンという村は「白い港」を、フランスではル・ブール・ド・バの呼び名が通るブールバは——塩の沼の反対側にあるから——「見えてくる場所」を意味する。沼のふちにある村々の道は曲がりくねり、急な傾斜の屋根付きの平屋や二階建ての家が並んでいる。

製塩業者たちは草の多い沼地を切り開いて池を作った。沼地では足のひょろ長いサギやまぶしい純白のシラサギがそぞろ歩いていた。黒い泥に丈の高いアンバーグラスが生い茂る沼地では、すぐに自分がどこにいるかわからなくなっただろう。だが海上の水夫と同じように、パルディエたちも遠くの黒い石造りの教会の尖塔を目印にした。とくに頼りになったのは、パルディエの守護神の名にちなんだサン－ゲノレ教会（ル・ブール・ド・バ所在）のムーア風の尖塔だった。一六〇〇年代、十五世紀に建てられた教会に五十五メートルの尖塔が設けられ、沼地からロワール川への入り口を示すことになった。

一五五七年、ヨーロッパ各地から塩を載せてきた千二百隻の船が、ルクロアジックに到着した。この沼の多い内海の入り口に面した港に着く船の数は、町の数少ない通りに建つ白い石造りの家の数を上回るほどだった。ラロシェルはフランスのタラの漁港の中心になろうとしていた。一方、ルクロアジックは塩を送り出しそれと交換した商品を陸揚げする場所であり、大西洋沿岸ではボルドーに次ぐフランス第二の港湾都市となった。イギリス人、オランダ人、デンマーク人は皆フランスの天日塩を買った。スペイン人までが、イベリア半島北部のラ・コルニャなどで水産業に使うためにベイソルトを求めにきた。

アイルランド人は中世以降、ルクロアジックで塩を買いつけるようになる。彼らはニシン、サケ、バター、なめし革、そして何よりも牛肉や豚肉を持ってきて塩と交換した。塩はたいていコークかウォーターフォードに運ばれた。アイルランドの塩漬け牛肉はたくみに骨が抜いてあり、今日でいうコーンビーフの前身のような加工品だった。腐らないのでヨーロッパでは重宝がられ、フランスはブレストなどのブルターニュの港でコーンビーフを仕入れると、あらたに発見した砂糖で大もうけできるカリブ海の植民地に運んだ。安く、高タンパクでもちのいい奴隷の食料だったのだ。のちに、もっと安いニューイングランドの塩ダラがこれに取って代わる。だが、イギリス海軍の糧食の座を塩ダラと争っていたアイルランドのコーンビーフは、もっと遠くまでもたらされることになった。

アイルランドのコーンビーフは、イギリス海軍が立ち寄る太平洋上の島ならどこでも必需食料品となった。なかでもハワイ諸島は塩作りに適していた。ハワイ人は伝統的に、岩石をボウルの形にくりぬき、そのなかに海水を入れて蒸発させ、家庭用の塩を作っていた。彼らはすぐに蒸発用の池を作ることを覚え、イギリス、フランス、のちにはアメリカの船にコーンビーフのような塩漬け食品を供給するようになり、自分たちの食生活にも取り入れた。リチャード・ヘンリー・デーナは、ハーバード大学卒業後アメリカの商艦に乗り込んで、一八三〇年代に『マストの前の二年間』を著した。これは実体験にもとづいた小説で、おそろしい船上の生活を描き出している。水夫が太平洋で食べなければならなかったまずい塩漬けの牛肉にもふれている。水夫たちがこの肉につけたあだ名は、「塩のくず」だった。

イギリス人がコーンビーフにこんな名前をつけたのは、十七世紀のことだ。小さな粒ならなんでもコーンであり、この場合は塩の結晶がそれに当たる。だがイギリス人は、南アメリカで缶詰にしたことでますますコーンビーフの名を汚す結果になった。アイルランド人はそれをうまく作りつづけ、いまだにクリスマス、イースター、セント・パトリック・デーなどの大切な祝祭日にはご馳走として、キャベツをつけ合わせにして食べている。

以下にあげる料理法は、『アイリッシュ・タイムズ』紙の「女性編集者」が一九六八年に記したものだ。アイルランド人がコーンビーフを作る際の留意点をあげ、イギリス人が作るへたなコーンビーフを「味付けした牛肉」と呼んで本家と混同されないようにしている。「味付けした牛肉」のほうが本来の名前にふさわしいかもしれない。

《六ポンド（約二・七キロ）の肉を味付けする材料》

ベイリーフ三枚

クローブ、スプーン一杯

メース六片

コショウの実、スプーンすりきり一杯
クローブ一、ニンニク一かけ
オールスパイス、スプーン一杯
ブラウンシュガー、テーブルスプーン山盛り二杯
硝石スプーン山盛り二杯
粗塩一ポンド（約四五〇グラム）

《肉の調理用材料》
脂肪の少ない、骨を抜いた六ポンドの肉
スライスしたニンジン三本
ギネスビール半パイント（約〇・二八四リットル）
スライスした中タマネギ三個
さまざまなハーブの束
碾いたクローブとオールスパイス、各スプーン一杯

すべての乾燥した材料をこすりあわせ、ベイリーフ、ニンニクとともに粉にする。大型の陶器かガラス皿に肉を載せ、混ぜ合わせたスパイスを全体によくすり込む。一週間毎日

繰り返す。皿に落ちたスパイスもすり込み、肉を二回ひっくり返す。肉を洗い調理しやすいようにひもで成形する。

スプーン一杯のオールスパイスと碾いたクローブを混ぜたものを肉全体にまぶし、刻んだ野菜を敷いた大型の鍋に入れる。湯をひたひたにそそぎ、蓋をして五時間弱火で煮込む。四時間たったところでギネスビールをそそぐ。

熱いうちに食べても冷ましてもいいが、クリスマスには冷えたものをスライスして出すのが慣例である。冷ます場合、肉を汁から出して二枚の皿にはさみ、重しをすること。（セオドラ・フィッツギボン著『アイルランド料理』一九六八年）

イギリス人にとって、塩は戦略上重要なものだった。塩ダラとコーンビーフが海軍の糧食になったためであり、これはフランスでも同様だった。十四世紀には、北方ヨーロッパが戦争の準備をするときは、まず塩を大量に入手して魚と肉を塩漬けにしたものだった。一三四五年、オランダの伯爵はフリジア人との戦いの前に、沖合で七千三百四十二匹のタラを塩漬けにすることを命じている。スウェーデン人司教オラウス・マグヌスは、一五五五年の著書『北方人の記録』のなかで、長期間包囲されたときは、ニシン、ウナギ、ブリーム、タラといった糧食が必要だと書いている。いずれも塩漬けしたものを指す。

ゲランド地方ではもっぱら塩漬けの魚を作り、素材はメルルーサ、ガンギエイ、ボラ、ウナギなどだった。五、六月は、美味で知られる小型のサーディンの稚魚が旬なので、塩漬けせずに食した。ほかの季節は、もっと大きなサーディンを地元でできた塩に十二日間漬け、それから海水で洗って樽で保存した。樽の底には穴をあけ、上部には重い角材をわたし、その一方は蝶番《ちょうつがい》式に壁に取り付け、もう一方には丸石を載せた。底から魚の汁が絞り出されることになり、二、三日おきにサーディンを重ねていくと二週間ほどで樽はいっぱいになった。

ほかにサバ、ウナギ、サケなどの魚も、四旬節にはとくによく塩漬けにされた。ホワイティングとウナギの料理法が書き残されている。

生きているうちに塩に漬け、三日三晩そのままにしておく。それから湯通ししてスライスし、春タマネギとともにゆでる。一夜漬けにする場合はきれいに洗って腸を抜く。スライスして粗塩を両面によくすり込む。(『メナジェ・ド・パリ』一三九三年)

塩漬けウナギを用意する。やわらかくなるまでゆでてから、皮をはぎ、弱火でゆで、それからきつね色になるまであぶる。丸ごとゆでてから、きつね色になるまであぶった大タマネギ二、三個をそえて、きれいな皿で供する。油とマスタードの小皿をそえ

る。（ロバート・メイ著『一流の料理人』一六八五年）

塩ダラの利益があがったのは、人工池を作る技術が進歩して海塩の生産量が増大したためである。これはフランスで顕著だったが、大西洋沿岸ではどこでもその恩恵にあずかっている。結果として塩漬けの魚の生産量の増大にもつながった。漁師は、魚を少し捕るたびに腐らないように市場に駆け込まなくとも、塩漬けして何日か余裕を持つことができるようになった。ニューファンドランドへの遠洋漁業は、春から秋までシーズンオフだった。塩のおかげで、ヨーロッパの貧しい階層にも北方の海の幸がたっぷり行きわたるようになった。つり輪につるした塩ダラと樽の塩漬けニシンは、ヨーロッパ各地で人々を飢餓から救ったのだ。ヨーロッパ人の塩の摂取は大半が塩漬けの魚によるもので、十六世紀は一人一日四十グラムだったのが、十八世紀には七十グラムにまで増大していた。

第八章　北方の夢

スウェーデンのある地方では、料理人が無言でたくさんの塩を入れ、「夢の粥」やパンケーキを作る習慣があった。娘たちは、この塩辛い食物を食べてから何も飲まずにベッドに入る。眠ると未来の花婿が夢にあらわれ、渇きをいやす水を差し出してくれるというのだ。

この試みで結婚相手が見つかる成功率については、何のデータも残っていない。だがスウェーデン人が塩を夢見た話はたくさん記録されている。彼らにはニシンは豊富にあっても、それを漬けるための塩がなかったのだ。

十三〜十四世紀の塩の商業的な利用法は、肉抜きの日の料理としてタラに次いでニシンを保存することだった。ニシンは中世の市場では圧倒的に主流を占めるもので、十二世紀パリでは海水魚の魚の取引をする者は「ニシン売り」と呼ばれた。

ニシンはニシン科に属し、サーディン同様背びれが一つで小型、尾が二またに分かれた脂っこい魚である。アンチョビーは異なる科に属するものの、サーディンやニシンと同じニシン目である。古代でも、地中海人はニシンの存在を知っていたが、生の魚としては知らなかったかもしれない。北方で捕れる魚だからだ。ギリシャ人は、ハルシュタットという地名にも含まれる、「塩」を意味する「アルス」または「ハルス」から派生した「アレクシウム」という名をニシンにつけていた。だが地中海の人々にはほかのニシン目の魚があったから、塩ダラなみに塩漬けニシンを好むことはなかっただろう。十四世紀にニシンが人気商品となったのは、ニシンを産する大西洋岸諸国が力を持ち、かつてない規模で市場と商業を支配したからにほかならない。ヨーロッパを代表する港はアントワープとアムステルダムになり、ジェノヴァやヴェネツィアを凌駕《りょうが》した。イギリスとフランスの海軍で塩ダラが必需品になったように、オランダの船は戦艦・商艦の別を問わず塩漬けニシンを積んだのだ。

ニシンは冬のあいだ海底深くもぐっているが、春から秋にかけては水面近くを、ときには沿岸の産卵場まで数千マイルも泳ぎまわる。これはロシア、スカンディナヴィアなどバルト海沿岸から北海を越え、ニューファンドランドからチェサピーク湾まで見られる現象である。十九世紀の詩人肌の歴史家ジュール・ミシュレは『海』にこう記した。「生命世界が水底から水面に浮き上がり、春暖と欲望と光明の呼びかけにしたがった」

これは英語特有の言い回しだが、ほとんどの魚は「スクール」をなして泳ぐのに、ニシンは「ショウル」をなすことになっている。両者はアングロ－サクソン語の同じ「群れ」

をあらわす単語から派生したものだ。ニシンの群れをひとたび探知できれば、ばく大な漁獲量が約束された。だがニシンは泳ぎながら海水を飲み込み、そのなかのひじょうに小さな動物性プランクトンを摂取する。この漂流する食物の層を数千キロも追っていくので、ニシンは、それまでいた海域から突如として一匹もいなくなったり、そうなると何年ももどらなかったりした。ニシンをおもな食料としていた北方のヨーロッパ人にとって、それは天変地異であり、村の同胞に罪を負わせることになりがちだった。中世には、姦通がニシン消滅の原因にされてしまった。

何千年ものあいだ、スカンディナヴィア人、バルト海と北海の沿岸に住む人々は食をニシンに頼っていた。人類学者たちは、五千年前のデンマークの遺跡からニシンの骨を発掘している。十三〜十四世紀について特筆すべきことは、新しい塩漬け技術や漁業の方法ではなく、塩の供給量の増大である。捕獲の時点ですでに塩が必要なので、ニシン漁には塩が重要だった。脂肪の少ないタラと異なり、ニシンは海中から引き上げて二十四時間以内に塩漬けにしなくてはならない。これは万国共通の認識である。一四二四年、フランドルの伯爵は、捕れてから二十四時間を過ぎたニシンを漬けた漁師は厳罰に処すと宣告している。

ニシン漁に関する発明もあった。フェニキアの時代にさかのぼる標準的な保存技術は、腸《わた》ぬきをし、干して何層も塩漬けにするというものだ。一三五〇年、フランドルの漁業の中心地ゼーラント出身の漁師ウィルヘルム・ベウケルゾン――一説には魚売りウィルヘルム・ベウクス――は、ニシンを塩水に漬ける方法を思いついた。乾かさない生の状態のニシンを塩水に漬ければ、空気にふれて脂肪が変質することもなく保存ができた。何世紀ものあいだ、ヨーロッパ列強は、オランダ低地帯の制覇をたくらむときは、樽漬けニシンの発明者ベウケルゾンに敬意を表してきた。フランドル育ちの神聖ローマ帝国皇帝カール五世は、一五〇六年ベウケルゾンの墓に参り、故人の人類への貢献をたたえている。だが現実的には、彼の発明はマルコ・ポーロのパスタ発見やコロンブスのアメリカ大陸発見なみに、作り話の可能性が高い。

ベウケルゾンが塩水に漬ける方法を発見したとされるより何世紀も前から、スカンディナヴィア人、フランス人、フランドル人、イギリス人はその方法をとっていた。にもかかわらず、神話のつねでこの話は生き長らえている。一八五六年、ロシア皇帝アレクサンドル二世は発明をたたえて、十四世紀のフランドルの漁師ベンケルスの碑を建てている。皇帝は、ベンケルスが樽詰めニシンを考案し、これがフィンランドを経由してスカンディナヴィアに広まったのだと言った。真偽のほどはともかく、こういった賛辞から、いかに北方の国にとって塩水に漬けた樽詰めニシンが大切だったかがわかる。

中世に出回った塩漬け魚は安価で、貧しい者は肉抜きの日に食べていた。上流階級は捕れた鮮魚をすばやく手元に運ばせるか、あるいはもっと内陸に住んでいる場合は王家の池や水槽に頼り、ときにはコイのような養殖魚を飼った。だが十六〜十八世紀にかけては、ヨーロッパ人が食べた魚の六十パーセントはタラで、残りの大半はニシンだった。

保存食としてのニシンは塩ダラより低く見られ、祝日にそれしか食べられない貧乏人には嫌われた。「お里が知れる」をフランスでは「樽がいつもニシンくさい」と言う。ブルターニュには、ロマンチックな人々がアルマンゾルの墓と呼ぶ岩がある。これは海で亡くなった恋人の伝説的な墓で、ブルターニュの労働者は冗談半分に「塩漬けニシンの墓」と呼んでいた。その岩を昼食を取る場所にしていたからだ。

評価は低くとも、貧乏人にニシンを売れば一財産築くことができた。ニシンは大量にあり、あとは塩の入手量にかかっていた。

海水を煮詰めるやり方は時間も経費もかかる。北方の人間は陽光にめぐまれない雨がちの気候のもとで塩を作る技術を開発し、オランダ北部とデンマーク南部では、海水の染み込んだ泥炭を燃やして泥炭塩を作った。オランダでは「ゼレ」として知られる海水につかった泥炭は、干潟で掘り出すものだった。オランダ人が泥炭を集めるときは、一時的に防壁を築いて干潟一帯を封鎖することもあった。泥炭は、小船に載せて本土へ送られた。

中世、オランダ南部のスケルト川の入り江ゼーラントは海に通じており、泥炭塩の宝庫だった。かつぎ人夫が海水を含んだ重い泥炭を小屋に運び、そこで乾かして燃やす。残るのは灰と塩である。そこに塩水を足すと、塩のみ吸収して灰が残る。それから塩水を蒸発させる。やり方がまずいと、黒い塩と呼ばれる不純な塩ができる。一方、泥炭に土が混じっておらず、悪質な製塩業者が白い灰を混ぜて結晶のかさをふやしたりしなければ、たいへん白い粒の細かい塩ができることもある。低地帯の良質な泥炭塩はニシンの保存用に高い評価を得たが、高価なうえ少量しか生産されなかった。

十三世紀なかば、良質のゼレは入手困難な貴重品となってしまい、ますます値が上がった。強欲な人間たちは、海水の浸入を防ぐ土塁を掘り崩して泥炭をくすねた。国土が海面を越えることがないオランダ社会で神聖視されている法律に、防壁を維持すること、というものがある。製塩業者たちは、一番重要な国防の線をあやうくする者と見られるようになり、ゼレには重税がかけられた。ゼーラントの土塁で泥炭を掘る者には罰金が科され、やがて塩産業は圧迫されていく。

イギリス南部の沿岸には塩の採れるところもあったが、それは夏季、とくに乾燥して晴天が多い場合にかぎられた。デンマークのレス島は、デンマークとスウェーデンにはさまれたカテガット海峡に位置する。ここでは、海水を蒸発させて濃度の上がった塩水を煮詰めて塩を作った。フィンランドでも、現在のロシアのムルマンスク地点近くの太平洋の海水から、同じ製法で塩を作った。塩の用途の大半は大量に捕れたサケの加工用で、一部は荷車でフィンランドとロシアに運ばれた。ノルウェーの製塩法も同じである。この国の塩

オラウス・マグヌスの『北方人の記録』(1555年)から、塩作りのようす(スウェーデン王立図書館)

は高価だったが、需要が多かったため手ごろな価格になった。オスロは塩貿易のかなめであった。

オラウス・マグヌスは、ノルウェー人が手間のかかる製塩法から脱却し、木の幹に穴をあけて作った管で、海中から濃度の高い塩水をくみ上げるようになったと記録している。スウェーデンでも十八世紀まで同じ方法が取られていた。わずかな塩を作るために、燃料と管の材料として大量の森林が破壊された。

スウェーデンは、カリブ海に浮かぶ島を獲得して塩を作りたいと考えた。そしてサンバルテルミ島を我が物にしたものの、塩の生産量は島の奴隷の食料にするニシンを漬けるに足るだけだった。

北方での塩の不足は頭痛の種だった。あらゆる大洋のうち、冷たい北極圏の海ほど魚の種類も量もめぐまれたところはない。マグヌスはこう記す。

ニシンは漁獲高が多いので、安価に入手するこ

オラウス・マグヌスの『北方人の記録』(1555年) から、ニシンの陸揚げのようす (スウェーデン王立図書館)

とができる。沖に出れば大量に泳いでおり、漁師の網を破いてしまうだけでなく、群れをなしているときは斧か鉾槍《ほこやり》を突き刺してくっつきあっているのを引き離さなければならないほどだ。(オラウス・マグヌス著『北方人の記録』一五五五年)

大量に生息し、海水を飲み込んで餌を捕ることや、海水からあがるとすぐ死んでしまうように見えるところから、中世の人々はニシンは特別な魚で栄養源は海水だけなのだと考えた。この不思議に加え、ニシンは断末魔の叫び声をあげると思われていた。甲高いシュッという音なのだが、これは浮き袋の空気が抜ける音だろう。

この小型の魚は、「ニシンの明かり」として知られる現象によって船乗りに注目された。びっしり群れをなして泳ぐニシンが、光を反射するのだ。

海中では夜になるとその目がランプのように光る。さらに、すばやく進む巨大な群れが向きを変えると、渦巻く水中で稲妻のような光を発する。（オラウス・マグヌス著『北方人の記録』一五五五年）

少量の塩でニシンを保存する方法は何とおりも考え出された。オランダ人は「グレーネ・ハリンゲン」、すなわち新鮮なニシンであるグリーン・ヘリングを、産卵期の前後の初春と晩秋には漁船の上で腸ぬきした。同時に骨も抜いたが、保存機能のある酵素を含む胆汁の嚢《ふくろ》は取らなかった。それから薄めの塩水にひたす。そのニシンはすぐに、できれば二十四時間以内に食さなければいけなかった。グリーン・ヘリングに必要な塩は少量だったものの、商業的な価値としては限度があったのだ。

肉でも魚でも、北方で保存するために考え出されたのが燻製《くんせい》だった。燻製にすれば、煙が保存を促進するので塩は少量ですむ。燻製の起源は不明である。ローマ人はチーズを燻製にしたし、やはりいぶしたウェストファリア・ハムを食べた。最古の魚の燻製がいつのものかは知られていない。一九六〇年代、ポーランドの人類学者が、ズニンで魚の燻製の作業場の遺跡を発見した。八～十世紀のあいだのものと思われる。ケルト人とゲルマン人に塩がなかったわけではないが、燻製ハムを作っている。寒い冬には、火であたためた部屋で食料を保存せざるをえなかったためだろう。

燻製の食品には、偶然できたという伝説がついてまわる。農夫が食料をつるした場所が火に近すぎて、翌朝どうなったか見たときの驚きを考えていただきたい、といったたぐいの話だ。

燻製ニシンは、北海沿岸のイギリスのイースト・アングリア地方の有名な輸出品で、塩と硝石を混ぜた塩水にひたしてからオークと芝の上でいぶされる。燻製ニシンの発見は、一五六七年、イースト・アングリアの住民トーマス・ナッシュが記録している。ヤーマスの漁師がいつになく大漁にめぐまれたとき、余分なニシンを垂木につるし、たまたま室内には煙が充満していた。翌日、白身の魚が「ロブスターのように赤く」なっているのを見た漁師の驚きを考えていただきたい。

ニシン

フィナンハディとは、塩水に漬けてから泥炭とおがくずの上でいぶしたハドックのことで、もとはフィンドン・ハドックと呼ばれた。北海に面するアバディーンの近くの町フィンドンで作られたものだからだ。長いこと自家用に作られていたかもしれないが、ともかく十八世紀なかごろまで商品化されることはなかった。比較的新しい燻製商品であるにもかかわらず、フィナンハディもまた漁師が塩漬けの魚を泥炭の煙の近くにつるしておいたらできてしまった、という言い伝えが広がっている。

遅くとも十六世紀には、スウェーデンとフィンランドにはさまれたボスニア湾のスウェーデン側の海岸で、バルト海で捕れたニシンの浅漬けが行なわれており、こういった魚はシュールストレンミングと呼ばれるようになる。北海より水中塩分濃度の低いバルト海では、イギリス人やオランダ人が食べる大西洋、北海のニシンよりも脂肪が少ない小型のニシンが生息する。北海にもバルト海にも面したスウェーデンでは、捕れる場所によってまったくちがう名前を魚につけている。バルト海のニシンは「ストレンミング」であり、北海のニシンは「スィル」なのだ。ほかのバルト海沿岸諸国にも同じ傾向がある。ロシア人はバルト海のニシンを「サラカ」と呼び、大西洋のニシンを「セルド」と呼ぶ。

スウェーデンに長く伝わる話では、シュールストレンミングは、スウェーデン人が塩でニシンを保存しようとして偶然できたものとされている。十七世紀に五十年にわたって散発的に戦われた「三十年」戦争で、シュールストレンミングはスウェーデン軍の主要な糧食だった。中世の勅令を引きつぎ、産卵期直前の四~五月に捕ったニシンで作るべしと規定されていた。頭と内臓は取らなければいけないが、魚卵は取らない。それから九十キロ入りの樽で薄い塩水に漬ける。十~十二週間、摂氏十二~十八度で発酵させる。八月第三木曜日、製造業者はこのニシンを市場で売ることを許される。

元来、シュールストレンミングは樽から出すものだったが、現在では七月に缶詰にする。食べごろになる九月には、缶は上下にふくれて今にも爆発しそうに見える。缶をあけるときには、家族じゅうがまわりを囲んで煙霧をあびる覚悟を決める。最近は部屋から逃げ出す若者もいるようだ。缶切りを刺すと、白濁した塩水が噴出し、発酵したリンゴ酒のように泡立ち、パルメザンチーズと古代の漁船の底にたまった汚水の入り混じったようなにおいがたちこめる。

この強烈な小型の魚はいつでも論争の種だった。ローマのガルム同様、発酵と腐敗の微妙な境目にあるように思えるからだ。もちろんガルム同様、シュールストレンミングも発酵しているだけで腐っているわけではない。漬ける塩水には、発酵のプロセスが始まるまで腐敗を防ぐにじゅうぶんな濃度がある。漬け方が良ければ、シュールストレンミングは強烈な風味を持つ。発酵した魚の愛好者にはこたえられない珍味だが、そんな好みのない者にとっては耐えがたいとしか言いようがない。

ふくれて青みがかった白い色で、頭のない小さなシュールストレンミングを食するときは、腹をさいて卵を取り除く。卵を食べるのは怖いもの知らずだけだ。開いた魚にフォークを強く突き刺して裏返せば、骨は簡単に取れる。バターを塗ったクリスプ（スウェーデンのクラッカー）にマッシュポテトといっしょに載せる。スウェーデンでは、ほぐれやすい小型で長く黄色いジャガイモを食べる。北国の冬にも耐えることができるよう品種改良したものだ。北部ではタマネギもいっしょに食べるが、南部ではよけいな付け足しはしない。こういった食品の味と歯ざわりがうまく混ざると、ニシンはとてつもなく美味なものに感じられる。残る問題は、どうやって部屋のにおいを消すかということだ——それはとても食べ物のにおいとは思えない。最近、スウェーデンの会社がシュールストレンミングをアメリカに輸出しようとしたところ、米国政府は腐っているという理由で輸入を拒否している。

たいていの魚の保存法は大量の塩を必要とする。ニシンの塩漬けについて、イギリスの官吏サイモン・スミスが一六四一年に記している。網からニシンを出したらすぐに、「グリッパー」という職人が腸をぬいて、乾燥した塩の結晶に混ぜて樽に詰める。樽は丸一日そのままにすると、ニシンの汁が出て塩が溶ける。さらに塩を加え樽を密閉する。スミスによれば、塩水はニシンが浮くくらいの濃度が必要だ。一樽で五百～六百匹のニシンを漬けることができ、三十リットルの塩を使った。

北方の漁業における塩不足は、ニシンと塩の貿易を組織していた商人組織が解決した。一二五〇～一三五〇年にかけて、ドイツ北部で小規模な組織が団結し、ハンザ同盟となった。「ハンザ」は、中期高地ドイツ語で「仲間」を意味する「ハンゼ」から来ている。この団体は資金を貯めて自分たちの商業的利益のために力をたくわえた。彼らはバルト海で海賊行為を止め、貿易品目の品質管理を始め、商法を確立し、海図を供給し、灯台など航海に役立つ施設設備を建造した。

ハンザ同盟が北方のニシン貿易の覇権をにぎるまでは、泥炭塩には灰が混ざっていることが多く、品質も劣悪で、腐ったニシンが出回ることもまれではなかった。『メナジェ・ド・パリ』はこんな忠告をしている。「良い塩水漬けのニシンを見分けるのは簡単だ。細身でも背中に厚みがあり、丸くて緑色をしている。悪いものは太って黄色いか、背中が平たく乾いている」

良質で背中の丸いニシンが樽のてっぺんに載せられていても、二、三層下には平たい乾いた背中が見つかったかもしれない。ハンザ同盟は樽のニシン全部の品質を保証した。樽の底に腐ったニシンを隠した者はすぐに罰金を科され、受け取った代金を全額返さなくてはならなかった。劣悪なニシンは焼却処分とされ、海に捨てられることはなかった。海中の魚がそれを食べて汚染されることをおそれたのだ。

十四世紀には、ハンザ同盟はライン川からヴィスワ川まで、中央ヨーロッパの河口すべてを支配していた。アイスランド、ロンドン、南はウクライナやヴェネツィアにまで同盟支部を置いていた。このため、北方諸国に供給するにじゅうぶんな量の塩を、多くの地域から買いつけることができた。十四世紀初頭、ハンザ同盟はポルトガルの塩の安価なこと、塩税の軽いことに目をつけた。遠距離の運賃をおぎなってあまりある価格だったので、デンマークとオランダの漁業用にセトゥバルの白い塩を輸入した。一四五二年だけでも、二百隻のハンザ同盟の船がルクロアジックに寄港し、バルト海沿岸諸国向けのゲランドの塩を船積みしている。

十四〜十五世紀、スウェーデン南部のファステルベとスカネルは、ニシンの漁獲高を誇っていた。ドイツのハンザ同盟加盟港リューベクから塩を輸入、それで加工したニシンをヨーロッパ中で売りさばくべく今度はリューベクから輸出した。この取引はすべてハンザ同盟の所有する船上で行なわれた。十五世紀、全盛期のハンザ同盟は四万隻の船を所有し、三十万人が加盟していたと言われる。

しばらくのあいだ、ハンザ同盟の人間は良質なものだけを扱い悪弊と戦う、名誉ある商人として尊敬されていた。東方から来たために「東国の住人《イースターリング》」と呼ばれ、これが「保障された品質」をあらわす「スターリング」の語源となっている。ハンザ同盟は現在でも通りの名前で栄誉をたたえられている。中世にバスクの港として栄えたサン・セバスチャンには「エスターリング・ストリート」がある。

だがやがて、彼らはあらゆる商業活動を独占しようとする悪辣な抑圧者と見られるようになり、商人階級が抵抗を始める。ニシンと塩の独占は北方の経済の独占を意味した。一三六〇年、デンマーク人はニシンの独占権をめぐってハンザ同盟と戦い、敗北を喫する。ノルウェーのベルゲンを完全に制圧した一四〇三年には、ハンザ同盟は北方ヨーロッパのニシンと塩の製造を独占していたが、それにあらがうバルト諸国との戦争は絶えなかった。一四〇六年、ハンザ同盟はベルゲン沖でイギリスの漁師九十六人を逮捕、手足を縛って海に放り込んだ。

バルト海のニシンは姿を消しはじめた――バルトの村で姦通が絶えなかったからかもしれない――そして北海での漁獲高は上がるいっぽうだった。ストレンミングが姿を消し、スィルが豊漁になった。このためイギリスとオランダは力を増し、ハンザ同盟は弱体化する。徐々にイギリスとオランダは敵方を圧倒するに足る経済力、軍事力を備えていった。植民地の拡大で北アメリカの漁場を手に入れてから、それはいっそう顕著になった。

ハンザ同盟が力を失っても、オランダとイギリスの争いに決着はつかなかった。ニシン漁港の両雄は、北海をはさみオランダ側ではブリーレ、イギリス側ではヤーマスだった。シーズンごとのニシンのショウルが、イギリスにとってもオランダにとっても経済状況を左右するものとなった。中世のイギリスでは、春になると東部海岸の重要な地点に見張りが立ち、ニシンの到来に目を光らせた。六月上旬、シェトランド諸島のクレーン・ヘッド沖に見えてから、九月にヤーマスに到着するまで、見張りは棒でショウルのやってくる方向を指し示す。ヤーマスでは十四世紀の早くから、ニシンの季節の終わりを告げる定期市が立った。九月二十九日から十一月十日にかけて、ヨーロッパじゅうのニシン商人が集まるのだ。

ヴェネツィアの塩の艦隊と同じように、オランダも巨大なニシン艦隊を海軍として訓練し、ヨーロッパ海域とカリブ海でイギリス海軍と幾多の戦いを繰り広げた。一六五二年、イギリス海軍はオランダのニシン艦隊を殲滅《せんめつ》する。のちにオランダはイギリスと講和条約を結び、イギリスはオランダ人を国王に迎える。それでもまだフランスが残っていた。自国のニシン艦隊を所有し、塩の独占と世界の王座を虎視眈々《こしたんたん》と狙っていたのである。

第九章　塩たっぷりの六角形

シャルル・ドゴールはフランス国家の統治しがたい性格について、一九六一年にこう表現している。「チーズが二百六十五種類もある国をまとめるのは、至難の業だ」。これほど種類が豊富なのは、かぎられた国土に驚くほど多様な気候、地理、文化が混ざり合っているからである。フランス国家は封建時代の諸王国から、ゆっくりと形をなしていった。そこにはブルゴーニュ人、プロバンス人、ドイツ語を話すアルザス人、ケルト語を話すブルターニュ人、バスク人、カタロニア人がいた。自称「六角形」のフランスは低地帯、ライン川、アルプス山脈、地中海、ピレネー山脈、大西洋、イギリス海峡と接している。ちなみにフランス人が「イギリス」海峡と言うことはまずない。彼らにとっては「ラ・マンシュ」、すなわちたんなる「袖」（細長い形状から）なのだ。この六角形は塩の宝庫である。岩塩と塩泉を有し、地中海と大西洋からは海塩も採れる。

中世およびルネッサンス期のフランスの王宮の卓上には、大型の装飾的な「ネフ」が出た。「船形の容器」を意味する言葉だが、この場合は宝石をちりばめた塩の容器だ。ネフは塩入れでもあり「国家の船」の象徴でもあった。そして塩は健康と保存の象徴である。つまりネフにより、統治者の健康が国家の安定であると宣言したのだ。

一三七八年、フランスのシャルル五世が有名な晩餐会を開いた際、ネフをどこに置くべきかで議論がなされた。主賓であるポルトガル生まれの神聖ローマ皇帝カール四世の前に置くべきか？　皇帝の息子、ドイツのヴェンツェスラウス王（同年父の死後、神聖ローマ帝国皇帝になった）の前はどうか？　結局、食卓には大きなネフを三つ並べ、王一人につき一個ということで決着がついた。

十四世紀のイギリス国王リチャード二世は、そのぜいたく趣味とフランスとの百年戦争でのふがいない戦いぶりですこぶる評判が悪いが、八人の男が船のデッキでフランスの旗を掲揚しているネフを食卓に置いていた。そしてこの風変わりなネフを賞賛する者には不自由しなかった。リチャードは二千人のシェフをやとって毎日一万人の客をもてなし、客のほとんどが晩餐までとどまったからである。

十五世紀、ジャン・デュック・ド・ベリーは晩餐会の卓上に黄金の船を飾った。この容器には塩だけでなくコショウも入れてあり、ユニコーンの角をくだいた粉も入っていたという伝聞もある。ユニコーンを目撃した人間がいたのかどうかも疑わしく、粉はクジラの仲間で角が一つあるイッカクの牙かも知れない。ユニコーンの角には解毒作用があると思われていたので、王たちは食事中そばに置くことを好んだ。「ヘビの舌入り」のネフもあったが、実際はサメの歯がやはり同じ目的で入れられていた。ネフの中の仕切りにはたいてい鍵がかかっていた。

精巧に作られた塩入れは、船形でなくとも人気があった。著名な芸術のパトロン、デュック・ド・ベリーはネフに加えて、一四一五年には芸術家ポール・ド・ランブールから、蓋は黄金でサファイアの持ち手には真珠四粒をあしらった瑪瑙《めのう》の塩入れを手に入れている。

ベンヴェヌート・チェリーニがフランソワ一世のために作った塩入れ（美術史博物館、ウィーン）

十六世紀にはイタリアのものが大流行していたが、盛期ルネッサンスのフィレンツェの彫刻家にして金細工師のベンヴェヌート・チェリーニは、フランスのフランソワ一世のために塩入れを作った。この王はひっきりなしに戦争していた男だが、芸術にも熱中していた。塩を入れる皿が海の神ネプチューンと大地の女神のあいだに置かれ、塩の源が海と大地であることを示している。ネプチューンのひざもとには、コショウ入れの引き出しがついた神殿がある。

「偉大な塩」と呼ばれた精巧な細工の塩入れが登場すると、それほど高級でない塩入れは出されなくなり、皿が変わるたびに取り替えられた。偉大な塩は食事のあいだじゅう、主君か主人役か主賓の手元に置かれるのがつねだった。

指でじかに塩にふれるのは、無礼なこと、ときには不吉なこととみなされた。塩はナイフの先で塩入れから取って自分の皿に移すものだった。中世、ルネッサンス期の皿には塩用に小さなくぼみがついているものもある。

食卓に塩を出すのは裕福な人間のぜいたくだったが、あらゆる階層の人間が塩漬けの食品を食べた。一二六八年に出版された『リーヴル・ド・メティエ』はプロの料理人の心得を説いた本で、塩漬けにしないかぎり調理した肉は三日しかもたないと書いてある。『メナジェ・ド・パリ』は塩漬けのクジラだけでなく、牛肉、マトン、鹿肉、オオバン（水鳥）、ガチョウ、野ウサギ、多様な豚肉の加工品の料理を紹介している。塩漬けは家庭で行なわれることが多かったものの、通常女性の役割とはされなかった。中世のフランス人は中国人と同じように、女性がいると発酵がうまくいかないと思っていた。フランスでは、月経中の女性は「塩漬けになっている」と形容される。自身が発酵中の女性が、発酵食品でいっぱいの部屋にいるのは危険だと考えられた。「ラードがだめになる」というのだ。

元来、塩漬けは冬のあいだ食物を保存するための方法だったが、中世に入ると塩漬けされた食品は一年を通して食されるようになった。

六月と七月には、塩漬けの牛肉とマトンは、朝から晩まで、または丸一日以上塩に漬けた春タマネギといっしょに、煮こまなければいけない。(『メナジェ・ド・パリ』一三九三年)

フランスの塩への嗜好を示す料理の典型は、アルザス－ロレーヌ地方のシュークルートである。アルザスはドイツ語でエルザッスと言うが、もとは神聖ローマ帝国の一部であり、フランス領となったのは一六九七年のことである。アルザスで話される言葉はドイツ語の方言だ。シュークルートはドイツのザワークラウトの一種のように思われる。だが自国の文化の根源がドイツにあるなどとは認めないフランス人は、中国人がキャベツに塩をふることを始め、タタール人がシュークルートを作ったと主張する。そしてフランス人が外来の料理の説明をするときのつねで、カトリーヌ・ド・メディシスがフランスにもたらしたのではないかと言うのだ。カトリーヌは十六世紀フィレンツェに生まれ、フランスのアンリ二世に嫁ぎ、多くのイタリア料理のアイデアをもたらしている。

フランス人の好きな小話がある。スーパースターのサラ・ベルナールが、パリの中華料理店でシュークルートを注文した。ウェイターが給仕長にそれを告げると、給仕長は怒気を帯びて女優にこう言った。「ここは中華料理のレストランでございますが」

「まあ、でもあなた」と大女優は答えたらしい。「シュークルートは中国が発明したものでしょう」

中国人が発明したわけではないかもしれない。科学者は太古のハンターがキャベツに似た葉を塩漬けした証拠を見つけている。数千年にわたって野菜の漬物を作ってきたから、キャベツを最初に漬物にしたとしてもなんの不思議もないのだ。

ローマ人はザワークラウトを作り、またキャベツに目がなかった。女性はキャベツを食べた人間の尿で生殖器を洗えば長生きできる、とカトーは言った。人々は彼の健康に関する意見に耳を傾けた。平均寿命が短く新生児の死亡率が高かった時代に、カトーの寿命は八十歳を越え、また二十八人もの息子をもうけたからだ。カトーの言によれば、息子は皆塩と酢でキャベツを食べたらしい。

一方、十五世紀のクレモナ人プラティナは、キャベツについて警告を発している。

キャベツが温かく乾いた性質であるのは周知の事実であり、そのため黒胆汁をふやし悪夢のもととなり、たいして栄養がなく、腹をやや不調にし、頭と目にはたいへん悪い影響を与える。キャベツのガスが原因で、視界がぼやけるのだ。

シュークルートのアルザス語「スルクルト」は、ドイツ語の「ザワークラウト」に似ている。どちらも「酸っぱい」または「漬物になった草」を意味する。ドイツのパラティネ姫はルイ十四世の義妹であるが、自分がこの料理をヴェルサイユ宮殿に伝えたと主張し、故郷ドイツの妹に次のような手紙を書いている。「わたしはこちらで、ウェストファリア風の生ハムも流行らせました。誰でもそれを食べますし、ほかにもいろいろなドイツ料理を食べています——ザワークラウト、砂糖で甘くしたキャベツ、脂っこいベーコンをそえたキャベツ。けれど、質の良いものにはなかなかお目にかかれません」。またドイツからキャベツの種を取り寄せたけれど、フランスの砂質の土壌ではキャベツがよく育たないとこぼしている。

ドイツの土壌に一番近いのが、ライン川西岸のアルザスだ。「アルザス」は「アルス」、すなわち「砂の土地」を意味する単語から来ているようだ。アルザスの岩塩は塩化ナトリウムの含有量が低く、塩化カリウム「ポタシュ」の含有量が高い。現代では、肥料にするためにポタシュを掘り出し、ライン川に塩化ナトリウムを捨てるアルザスの習慣が大きな環境問題となっている。

キャベツ

一七六六年までロレーヌは、九世紀のロタール王にちなんだロタリンギア王国という名の独立国家だった。フランスに征服されるずっと前から、ロレーヌは豊かな塩泉で有名だった。ドイツのほかの塩泉よりも塩分濃度が高く、先史時代から採掘されていた。ロレーヌのセール渓谷では、ケルト人がいた時代から塩が生産されていた。セールは「塩辛い」を意味し、モーゼル川の支流である。ケルト人の塩鉱はいったん使われなくなったが、十世紀にはロタリンギア人がまきで火を起こし、塩水を煮詰めていた。塩はモーゼルからアルザス、ドイツそしてスイスへと運搬された。シュークルート、スルクルト、ザワークラウトはいずれもロレーヌの塩で作られたのだ。

スルクルトは婚礼や国家の祝祭など、特別な日のご馳走だった。十六世紀には、アルザスにはスルクルトシュナイダーという商売があった。これは「スルクルトの仕立屋」という意味だ。どの「仕立屋」も自分だけのレシピを持っており、キャベツを刻み、アニスの種、ベイリーフ、ニワトコの実、フェンネル、ホースラディッシュ、セボリー、クローブ、クミンなどのハーブや香辛料とともに樽で塩漬けした。

十八世紀初頭、フランス人はスルクルトに「ソルクロット」と命名した。一七六七年、百科全書派の哲学者ドニ・ディドロは手紙のなかで「ソークルート」に言及し、一七八六年、フランス革命前夜にはじめて「シュークルート」という名がこの世に登場する。そのころには、シュークルートはほかの塩漬け食品と混ぜて、またはその下に敷いて出されるのが通常で、そのような料理は「シュークルート・ガルニエ」と呼ばれていた。もともとは塩漬けの魚、それもニシンといっしょに供されるものだったが、徐々に塩漬け肉に取って代わられた。ソーセージと塩漬けの豚肉の切り身が、味付けした塩漬けキャベツとともに大皿に盛られるのだ。
ワインや塩や塩漬けの肉と同じように、シュークルートはアルザスにとって重要な貿易品目だった。

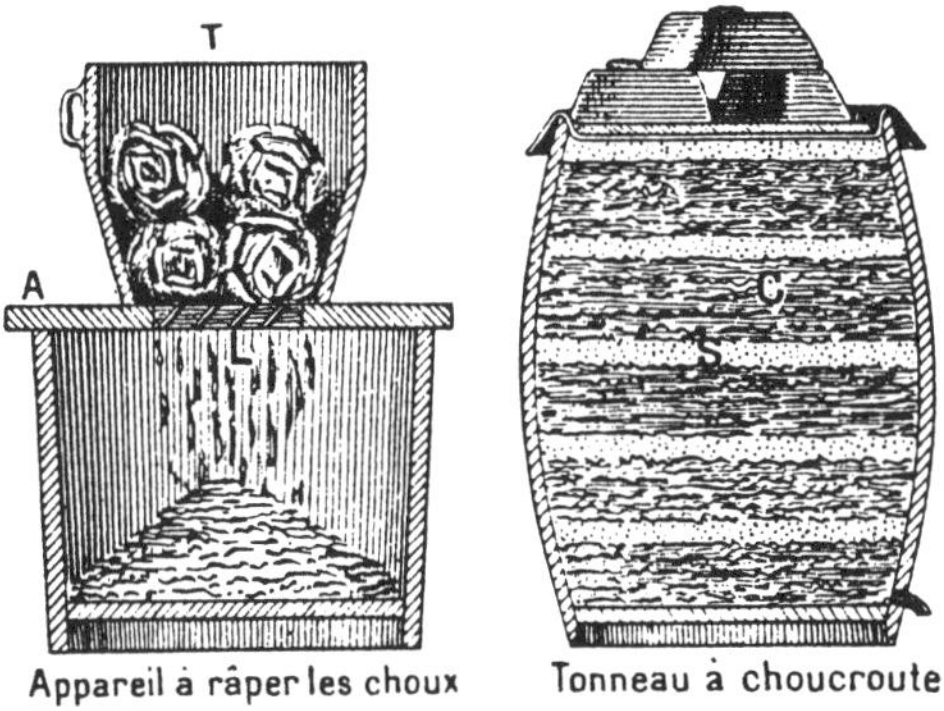

シュークルートの作り方の説明図（『ラルース・ガストロノミク』1938年版、プロスペル・モンターニュ編）

ザワークラウトがヨーロッパ大陸の外で華々しいデビューを飾ったのは、一七五三年イギリスの医者が、壊血病の予防になると海軍に進言したときのことだ。中世のヨーロッパ人はカトーが説いたキャベツの効用を信じ、その葉から硬膏や咳止めの薬を作っていた。一五六九年、神聖ローマ帝国皇帝マクシミリアン二世がキャベツの硬膏で病気から回復したことが、恰好の宣伝材料になっていた。

ここでまた、キャベツは薬となった。イギリス海軍はイギリスの港に「ザワークラウトの店」を作ったので、英国海軍の船はすべからくザワークラウトを支給されて出帆することができた。ジェームズ・クック船長は食事のたびに、部下にザワークラウトを食べさせた。そのころ海峡の向こうのパリでは、それは王宮のご馳走だった。ロレーヌ出身の父を持つマリー・アントワネットは、宮殿でシュークルートを擁護した。次の古風な二十世紀初頭の料理法は、当時からほとんど変わっていない。

シュークルートはシャルキュテリ（加工食品店）や総菜屋で出来合いを買うことができる。だが地方ではなかなか手に入らない。一番簡単な作り方を教えよう。丸く形がととのった白いキャベツを用意し、きれいにし、緑色やしおれた葉を取り除く。四分の一に切り分け、芯を取る。それから麦わらくらいの細さに刻む。

白ワインが入っていた樽をよく洗い、粗塩を敷きつめる。その上に千切りキャベツを並べる。セイヨウネズの実と干したコショウの実をふりかけ、層がくずれない範囲で強く押しつける。あらたに塩の層を作り、キャベツを敷いてセイヨウネズの実とコショウをふりかけ、また注意してよく押し込む。

キャベツ十二個につき塩二ポンド（約九百グラム）ほど必要である。樽の四分の三まで埋まったら、荒く織ったリネンでおおい、ぴったりはまる木のふたをする。三十キロの重しを置く（いいものがないときは、岩か敷石を使う）。しばらくして発酵が始まったら、蓋が沈んで塩のために染み出てきた水につかるので、蓋が少し水をかぶるだけ残して水を捨てる。

月の終わりにはシュークルートは食用可能になる。少し取ったら布と蓋を洗って新しいものと取り替え、減った分だけ新鮮な水を足すこと。

発酵するといやなにおいがするが、心配することはない。供する前に少しの水で洗えば、悪臭は消える。

シュークルート・ガルニエ――シュークルートを何度も洗って、手で絞る。完全に水を切ったら、キャセロールを用意し、底にラードを敷く（脂肪の側が料理にふれるように）。きつ過ぎないようにシュークルートを並べ、塩、コショウ、セイヨウネズの実、焼肉の脂を少々、ラード・マグル（豚の胸肉の切り身でベーコンに似たもの）、小さなソーセージ一本、生のセルヴラー半分を加える（セルヴラーはずんぐりした豚肉だけのソーセージで、たいていニンニクで味付けされている。豚の脳みそ「セルヴル」から来た名前だが、脳はほとんど入っていない）。続いてもう一つ、シュークルート、塩、コショウ、セイヨウネズの実、焼肉の脂、ラード・マグル、ソーセージ、セルヴラーの層を作り、シュークルートがなくなるまで繰り返す。白ワイン一本とスープストック、グラス二杯で全体を湿らせる。蓋をして、弱火で五時間煮込む。

最後に浮いた脂を取り除き、スプーンで強く押しつける。キャセロールに大皿を載せてひっくり返せば、パテのような形のシュークルートの出来上がり。

二ポンドのシュークルートで二、三人分のシュークルート・ガルニエが作れる。翌

日また火を通すほうが良い。(タント・マリー著『家庭料理神髄』一九二六年)

プリニウスの時代、ペッカイウスと呼ばれたローマ軍団はローヌに海水の池を作り、ガリアで戦うぼう大な兵士への支払いの財源にしようとした。この沼沢地にはカマルグという沼地もあり、塩作りに適していた。地中海にも、ガリアやのちのフランスに通じる川にも面したこのローヌを、イタリア人は自分たちの製塩にうってつけだと考えた。ジェノヴァ人が塩田を作ったイエールからほど近くに、ほかのイタリア人たち、とりわけトスカナ人が製塩所に投資した。

十三世紀アルビの町は、異端のキリスト教徒アルビ派の拠点だった。教皇インノケンティウス三世は、「異端」のいるこの地域の浄化のために十字軍を送ることを決意した。本当の信者と異端をどうやって見分けるのかと聞かれ、ある十字軍の兵は「皆殺しにすればいい。神はご自分の子を見分けられるだろう」と答えた、という話が伝わっている。このような発想がもたらした阿鼻叫喚が、世にいうアルビジョワ十字軍である。一二二九年、十五歳のフランス王ルイ九世は、アルビ派へのフランス軍派遣を終結させるための協定を結び、ローヌ地方はフランス王家に割譲されることとなった。

フランスは地中海沿岸を手中にし、ルイは一二四六年、最初のフランス地中海港を建設した。「死水(流れない水)」を意味するエグーモルトという城壁都市の誕生である。巨大な城壁を死水が取り囲み、地中海上にまで及ぶ天日乾燥用の池が広がっていた。ルイは十字軍を率いて中東を攻める夢をかなえるために、塩から収入を得ることを望み、十字軍は二年後に実現する。ルイは戦いに敗れ、囚われの身となってしまったが、その前にエジプトの港を攻略したので、今に至るも聖王と言われている。一二五四年ついにフランスに帰国を果たしたとき、すらりとしたピンクのフラミンゴが舞い、乳白色にかがやく彼の製塩所は塩を生産しつづけ、国家に財をもたらしていた。

ルイは一二九〇年ペッカ付近でローマの製塩所を二カ所買い上げ、イビサ、キプロスに次いで地中海第三の製塩地とした。地中海の製塩所を王家の収入のために管理するというルイの考えは、のちにフランス王政最大の失敗として人々に記憶されることになる。

地中海の製塩所で生産した塩は、ローヌから遠くはリヨンまで船で運ばれた。また陸路でもプロバンスの山を越え、ロクフォール－シュル－スルゾンなどにもたらされた。牛、山羊、羊などと並んで塩もまたフランスじゅうに存在し、二百六十五種類ものチーズがある統治しがたい国柄のもととなった。フランスのチーズ職人たちは、好んでむずかしいチーズや独創的なチーズを作ろうとしたわけではない。売り物の食料品を保存するためだめに、乳製品を塩に漬けただけなのだ。だが伝統も気候もちがう条件のもとでは、塩漬けされた凝乳は二百六十五とおりにならざるをえなかった。時代によっては、それをはるかに上回る多様性があった。

岩が露出し、表土がやせている山がちのアヴェロンで作られたチーズには、かの地の有名な塩の源と同じくらい歴史がある。プリニウスは地中海をへだてた山でできたチーズをほめたたえたが、おそらくこれは現在有名なロクフォールチーズの前身だろう。証拠となる文献はないものの広く伝えられる話によれば、七七八年、大敗に終わったスペイン遠征の帰途、カール大帝はアヴェロンを通りかかった。近くのサンガルの僧院から来た僧侶が皇帝にロクフォールを献上したところ、皇帝はまずそうに見えるかびくさい青い部分を取り除きはじめた。僧侶は青いところが一番美味なのだと説得し、その結果、八一四年に皇帝が亡くなるまで、毎年ロクフォールを二つ献上しなければならなくなった。

古代も現代も、ここのチーズは隠れた山地のごつごつした丘陵で放牧された羊の乳から作られる。この地域はあたりで一番大きな村サン－タフリックの名で呼ばれる。サン－タフリックは湿度の高いところだが、多孔質の石灰岩が湿気を吸収してしまうため、穀物が育たない。

農民たちは乳を搾り、レンネットで凝固させ、手で凝乳をすくって型に入れる。かびのはえたパンを削って作った粉を、その凝乳にふりかける。遅くとも十七世紀には、かびは小麦とライ麦半々で焼いた大きな丸いパンから取るようになっていた。それ以前はちがう種類のパンを使っていたのだろう。パンはチーズを熟成させるために湿った地下貯蔵室に置かれ、二、三週間もすると青かびをはやしてチーズ作り用に細かく碾かれた。このパンくずはチーズのなかで発酵して気泡を発し、さらに数週間するとチーズも青くなるのだ。

一四一一年にフランス王は、ロクフォール－シュル－スルゾンのチーズだけに、ロクフォールを名乗る資格を与えた。ここは数家族しか住んでいない小さな村で、カンバル高原という岩盤のそばにある。村の地下では、地下泉の熱と湿気が洞窟内にこもっている。だが岩の断層から絶えず空気が入り込み、坑道のような空気のトンネル「フルーラン」ができている。チーズの倉庫は地下三十メートル、地下泉の湿気とフルーランが織り成す天然の洞窟内に作られたのだ。

倉庫はすずしく、湿度がひじょうに高く、かびだらけだ。温度は一定で、一年を通して昼も夜も摂氏七度くらいである。岩の壁、人力で切り出した古い木製の梁《はり》、チーズを熟成させる木製の棚は、いずれも湿気でつるつるしている。壁面はかびと苔の模様が絶えず移り変わる万華鏡のようであり、現代に入ってから、この生長こそがチーズの風味の決め手であることが解明された。

ここでもまた、お決まりの偶然の発見の話がある。うっかり者の羊飼いの少年が、弁当の凝乳とライ麦パンを洞窟に忘れてきてしまい、数週間して行ってみたらロクフォールになっていた――この言い伝えがあやしいとしても、チーズの製法の説明としては良くできている。だがチーズが商業的価値を持つためには、もう少し長持ちしなければならない。

熟成させるときまず、エグーモルトの塩をてっぺんにすり込む。二十四時間後、チーズを裏返して同じことをする。塩が溶けてチーズの内部に浸透する。パルマのチーズと同じように、ロクフォールもまたひどく塩辛くなり、「塩辛いチーズ」という不当な評判が立ってしまっている。フランスで最初の料理ジャーナリスト、十八世紀のアレクサンドル－バルタザール－ローラン・グリモー・ド・ラレイニエルは、このチーズは塩辛い、酒のつまみだと書いた。「喉の渇きを覚えたい者にとっては、ロクフォールチーズは大酒飲みのクラッカーの別名にほかならない」

バスク人は、ケルトとの長い戦いの過程でハムの作り方を覚え、ハム好きなローマ人との長く続いた平和な時代に市場に出すようになった。「バイヨンヌのハム」を意味する「ジャンボン・ド・バイヨンヌ」はバイヨンヌで作られたことはなかったが、アドゥール川河口のバイヨンヌ港から出荷された。バスク人が自分たちで作ったと主張すれば意外に思う者はいないにしても、本当にバスク産なのかいまだにはっきりしていない。現代フランスは、ジャンボン・ド・バイヨンヌをアドゥール川河口の産物と定義しており、古くは十六世紀の文献にもそのような記述が見られる。この場合アドゥール川河口とは、フランス領のバスク地方とランド、ベアルン、ビゴールといった隣接地域の一部も含んでいる。

一つだけ確かなことがある。材料の塩はバスク産ではなく、バスクから数キロのベアルンの村サリードーベアルンの製塩所で作られたのだ。中世の言い伝えによれば、狩人が野生のイノシシに傷をおわせ、沼地に追い込んだ。狩人が水中に横たわる動物を発見したころには、すでに塩漬けになっていた。ハンブルク付近のリューネブルクの塩泉にまつわる言い伝えも、まったく同じである。リューネブルクの市役所には、イノシシを見つけた人間が作ったとおぼしき古代のハムが展示されている。

アドゥール川流域のいたるところで、塩作りに使われた鍋の破片が発見されており、なかには紀元前一五〇〇年のものもある。サリードーベアルンから歩いていける範囲でも、あちこちでローマの鍋の破片が出ている。

サリードーベアルンの中心地で野生のイノシシが倒れたかどうかはともかく、この村は何百万頭もの豚を塩漬けにしてきた。天然の塩泉を囲む村は、町に発展した。流れ出す塩水を貯めるために、大きなため池も作られた。このため池の端には階段が設けられ、バケツを持って出入りできるようになっている。ため池に関しては、「サリの曲がりくねる細い道はすべて池に通じる」という十二世紀の記述がある。

町の役人は卵を浮かべて塩水の濃度を調べた。卵が浮けば、塩作りの開始だ。毎週一回から二回の配給があった。バケツを持って自分でため池に行く者もあったが、ほとんどの家庭では「ティラドゥ」を雇って塩水をくんだ。塩水くみに使われた大型の木のバケツ「サミュー」は公式の単位の名称でもあった。一回につき九十二リットルの海水をくむことになっていた。配給のたび、各家庭に二十六サミューが許可された。

鐘が鳴ると、ティラドゥたちは階段を降りて塩水に入り、サミューにくむと九十二リットルの重い荷物を持って家に駆けもどる。これを二十六回、それもできるだけ速く繰り返した。よその家のティラドゥとの競争があったし、一番速い者が底に残った一番濃い塩水をくむことができたからだ。薄い塩水ほど蒸発しにくく、燃料の木材を食うことになり、利益が少ない。

各家の前には石の井戸があり、そこにティラドゥがすばやく、しかし注意深く塩水を流し込み、また池にもどっていく。地下にはオーク材の水管が引かれ、製塩の作業場まで流れ着くと、煮詰められる。

この共同体の資源に接する資格がある家は、パーループレナンと呼ばれた。パーループレナンは最初からこの土地に住みついた家の子孫でなければならなかったが、そのような家族がいつ町に来たか、また何家族あるのか、誰も知らなかった。この伝統が数世紀をへた一五八七年十一月十一日にはじめて、ベアルンの言葉で成文法となった。この法律はパーループレナンを定義し、城壁の内側に住めばその子孫もパーループレナンの権利を有するとした。女性が「よそ者」つまり町の外の男性と結婚した場合、その子どもたちはプレナンの半分の量である十三サミューしかくむことができず、そのまた子どもには塩水をくむ権利がなかった。だが男性がよそ者の女性と結婚した場合は、彼も子孫もプレナンの取り分を丸々許可されるのだった。サリードーベアルンのパーループレナンは十四世紀には二百家族だったが、フランス革命の時代には八百家族までふえていた。

地中海沿岸のエグーモルトの西側、スペインとの国境付近のカタロニア地方にコリウールという漁村があった。村人は、ワインと塩漬けの魚を売って生計をたてていた。五月から十月にかけては、アンチョビーを捕った。漁に使うのは小型の木製の舟で、浅瀬の岩の上でも運行することができた。帆柱に六十度に張った三角のカンヴァスが、優雅に風をはらんで帆走するのだ。この型はフェニキアが栄えた時代にさかのぼるものだが、コリウールの人々はこの舟をカタラン（カタロニア風の）船と呼び、あざやかな原色に塗っていた。

アンチョビー

十月、アンチョビーの季節が終わると、町向こうの丘でワイン用のブドウの収穫が始まる。バニュルスというこのワインにはスパイシーな甘さがあり、塩漬けのアンチョビーにぴったりだった。コリウールの村人はブドウ園を耕し、ブドウの木を剪定し、翌年若芽と若枝が出るのを待つ。そして五月になると、ブドウの実がなり、アンチョビーが捕れる。各家庭がカタラン船とブドウ園を持っていた。男たちは海に出た。女たちは網を直し、男が捕った魚を町で売った。

魚は大半が塩漬けにされた。アンチョビーを塩漬けにした人々は、もともとカタロニアの海岸沿いに広がる天然の製塩用の池の一つ、ラプラムでできた海塩を使っていた。しかしまもなく、ローヌ川河口の製塩所がそれに取って代わった。

十四世紀のヨーロッパ大陸では、腺ペストが猖獗《しょうけつ》をきわめ、感染した者は苦しみながら数日のうちに死んでいった。死者はヨーロッパの全人口の半数七千五百万にのぼった、と考えられている。だがコリウールではこの病気は流行らず、その原因はアンチョビー用に大量の塩の備蓄があったため、村全体に抵抗力があったという説が有力である。

古代ギリシャの時代から、アンチョビーは地中海でもっとも賞賛された塩漬けの魚だった。そして中世以降、コリウールの塩漬けアンチョビーは世界一の評価を得ている。大西洋で捕れるものよりも、より小型で脂肪が少なく味が良いのだ。中世のコリウールはまた、塩漬けマグロや塩漬けサーディンでも有名だった。塩漬け作業は男性がした。大量の塩を持ち上げるには腕力がいったからだ。アンチョビーを三枚におろすのは女性の仕事だった。骨から小さな切り身をはなすには、小さな指が向いている。捕れたばかりのアンチョビーは海塩に漬けて一月置いておく。その後、頭を取り除き、女性の器用な指だけで腸ぬきし、塩と魚が交互になるように樽に詰めた。重しをして三カ月待つ。この期間は魚の大きさと、天候状態、とくに気温によって変わってくる。アンチョビーがじゅうぶん漬かると、骨のまわりの身が濃いピンク色になり、ほとんどワインレッドになることもある。そして塩水で魚から染み出した汁もピンク色になる。塩水をピンク色に染める不心得な作り手もいたようだ。

《アンチョビー》

この美味なる魚はベイソルトとともに樽につける。これ以上うまい魚族はない。赤みがかり、肥えていて、骨も脂っぽいものを選ぶこと。味、においとも良好であるべき。色と見かけを良くするために赤い着色料を使ったりしないこと。（メアリー・イートン著『料理人と家政婦のための総合大事典』バンゲイ、イギリス、一八二二年）

フランス国王は、コリウールの商業的な価値を重く見て、この村の塩税を完全に免除した。地元のアンチョビー産業はおおいに栄えたものの、このような気まぐれな免税措置がやがてフランスの塩税行政を大混乱に導くことになる。

第十章　ハプスブルク家の遺物

ローマ人はゲルマンの土地に古代の塩鉱を見つけていた。ゲルマン民族は塩鉱で祈りをささげると神がよく耳を傾けると信じている、とタキトゥスは紀元一世紀に記している。しかし、ローマ帝国崩壊後、これらの塩鉱は度重なる戦争によって破壊、または閉鎖されてしまった。フランス同様、中世になると教会が塩鉱を再開した。塩から収入を得るため、修道院は古代の塩鉱地に建てられることが多かった。

教会の指導のもと、バイエルンからオーストリアに至るアルペン地方では、中世に塩鉱業が栄えた。バイエルンでは、ベルヒテスガーデンおよび近隣のライヒェンハル。国境のオーストリア側では、ハライン、ハルシュタット、イシュル、アウスゼーがいずれも同じ地下の岩塩鉱床を掘っていた。オーストリア側は「塩の母鉱脈」を意味するザルツカンマーグートの名がつき、緑色でマツが茂る山と深く青い湖の下には塩鉱が広がっていた。冬になると、急斜面の松林は雪をかぶって真っ白になるが、地下の塩鉱がそれほど冷え込むことはなかった。

地下の塩泉の塩水は、煮詰めると塩の結晶になる。豊かな森林は安価な燃料のもとだった。ライヒェンハルの製塩所はローマ時代には稼動していたが、五世紀フン族のアッティラもしくは、西ローマ帝国を四七六年に倒したゲルマン人のイタリア王オドアケルを支持する地元の住民によって破壊された。製塩所は一世紀後再建されたとする説と、三百年たってからザルツブルクの大司教が再建したという説がある。

ライヒェンハルは塩の山に隣接している。バイエルン側にはベルヒテスガーデンが、国境を越えたけわしい森林の山デュルンベルクの反対側には、古代ケルトの塩鉱の地ハラインがあった。

中世には、ザルツブルクの大司教とバイエルンの大司教が、数世紀にわたって塩鉱の所有権を争った。デュルンベルク山には、ハライン側にザルツブルクの塩鉱があり、ベルヒテスガーデン側にバイエルンの塩鉱があったからである。地下ではこの二つの鉱床はおそらく一キロと離れておらず、ハラインから掘った坑道は両者の境目まで延びており、ザルツブルクの鉱夫たちはバイエルンの塩も採ったはずである。

ザルツブルクの最初の大司教は八世紀末、古代ケルトの塩鉱を復活させ、塩による収入で同市を築いた。オーストリアに統合されたのは一八一六年である。領土内では金、銀、銅も採れたが、たびたびの戦争は塩をめぐるものだった。塩がもたらす富が、ザルツブルクの独立をしばし維持したのだ。

十七世紀、ヴォルフ・ディートリヒという大司教が、地元産、とくにデュルンベルクの塩の価格を大幅に値下げして、塩市場を独占しようとたくらんだ。しばらくのあいだ、この大司教は巨万の富を得て、ザルツブルクに壮大なバロック様式の建物を建てることができた。それにたいしバイエルン側はザルツブルクとの取引停止で応酬し、「塩戦争」にまで発展、最後はディートリヒの敗北に終わる。これはデュルンベルクおよびハラインの損失につながった。両者ともザルツブルクの塩の取引から、しばらく除外されたためである。もっと打撃を受けたのは大司教本人で、教会での地位を剝奪され、五年後の一六一七年、獄中で亡くなっている。

デュルンベルクの山の両側の緊張関係に終止符が打たれたのは、ザルツブルクがオーストリア領となってからである。一八二九年にバイエルンとオーストリアが協定を結び、オーストリアは一キロまでなら越境して塩を採ってもいいことになった。その代わり、鉱夫の四十パーセントはバイエルンの人間でなければならず、バイエルンが塩水を煮詰めるときは、オーストリアの木を燃料にすることが認められた。中世には木材も豊富にあったのだが、製塩業が数世紀をへるにつれ、その確保は重要な問題となっていたのだ。

一二六八年もしくはそれ以前、岩塩鉱業に新技術が導入された。鉱夫が重い岩塩を背負って急な坑道をよじのぼり岩をくだいて塩を採るという方法をやめ、掘り当てられた塩鉱脈に水を流し込むようになったのだ。水はすぐに濃い塩水となり、山からハラインの村まで管のなかを流れていく。村では、薪《まき》を燃やして塩水を煮詰め、塩の結晶を得るのだ。最終的には、この発想はザルツカンマーグート地方でジンクヴェルクと呼ぶ、より高度なシステムを生み出した。ジンクヴェルクとは「地下の作業場」で、そこには大型の木製タンクがいくつかあり、タンクのなかで塩と粘土の混合物を真水で処理する。この溶液は木の管によって、煮詰めるための鉄鍋に送られる。

デュルンベルク山のジンクヴェルク。ベルヒテスガーデンのバイエルン側から見た図（ドイツ博物館、ミュンヘン）

　ハラインは二つの富の源、荒れて岩肌の露出するデュルンベルク山とザルツァッハ川にはさまれた村である。ザルツァッハはダニューブ川の支流で、茶色いダニューブ川は細い支流をはりめぐらしてバイエルンの西から中央ヨーロッパを通り、黒海に流れ込む。現在でもサハラ砂漠で行なわれているように、塩は煮詰めて円柱形に成形さ

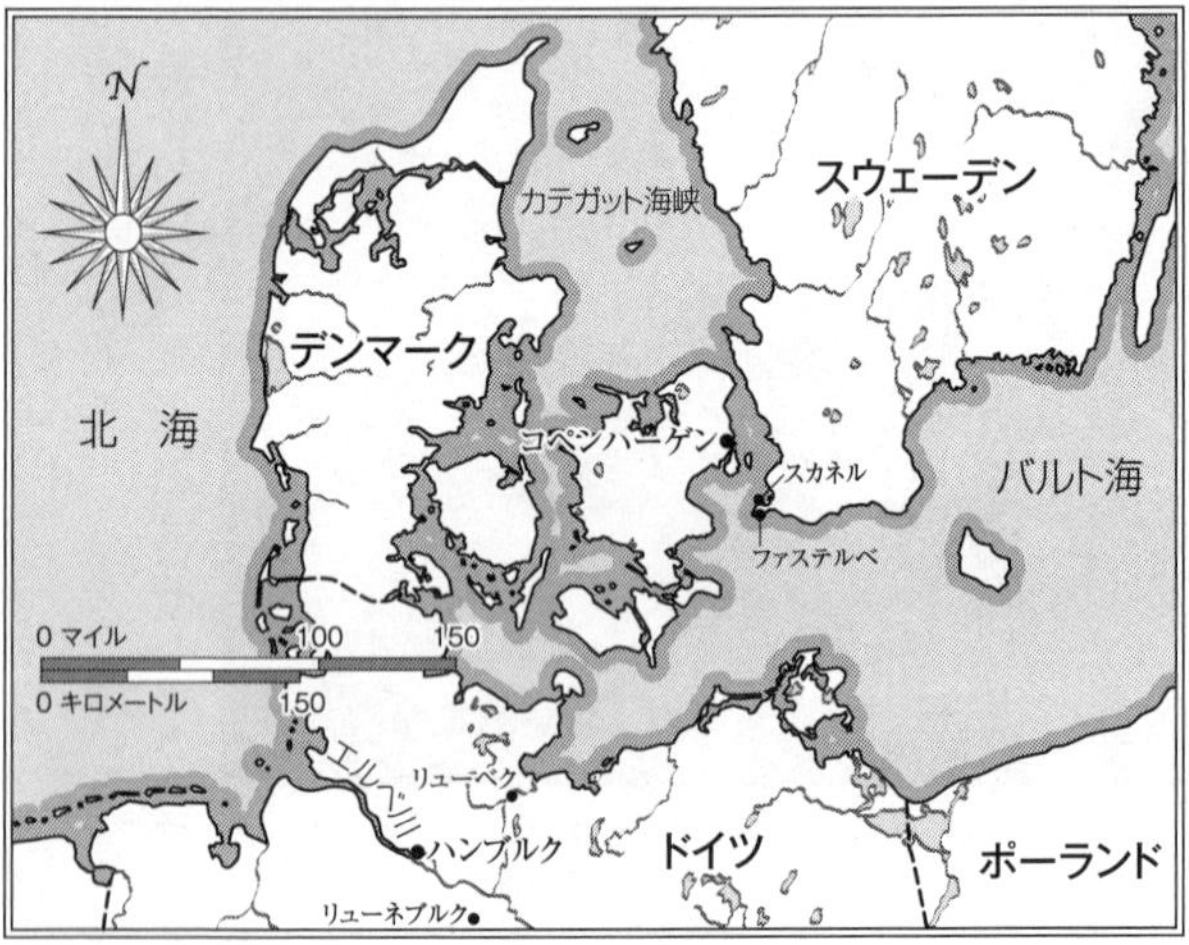

れた。塩の円柱は荷船でザルツァッハ川をパッサウまで、それからダニューブ川でドイツや中央ヨーロッパまで運搬され、販売されたのだ。

　だがハラインの塩の多くは、川ではパッサウまで運ばれるだけで、あとは荷馬車に積まれ、地元で売られた。塩を運ぶ荷馬車には通行税が課されたため、陸路の運搬は高くついた。その結果、盗人が違法の塩を運ぶための裏道が、けわしい山中のいたるところにできた。通行税を払わずにすむ分、違法の塩は安かった。

　中央ヨーロッパの製塩地にとって、川は重要な運搬路だった。ドイツ中央部のハレと北部のリューネブルクはハムでも名高かったが、北海に面したハンブルク港につながるエルベ川があるという利点にめぐまれていた。十四世紀末、リューネブルクはシュテケニッツ運河を開削、塩をエルベ川で運べるようにした。北海に流れ込むエルベの支流を使い、より近いハンブルクではなくリューベックに運ぶのが目的だった。リューベックは当時の代表的なハンザ都市である。

中世ヨーロッパにおいて、ドイツ最高の塩とうたわれたのはリューネブルク産のもので、ハンザ同盟の船によって、スウェーデン南部、リガ、ダンツィヒおよびバルト海沿岸一帯といったニシンの漁場に運ばれた。ハンザ同盟の商品なら品質が保証されていた時代、リューネブルクの塩とはハンザの塩だったのだ。品質が劣るほかのドイツの製塩所は、製品の樽に「リューネブルク」と不正表示して海外市場に出していた。

リューネブルク、ハレその他のドイツの製塩所で塩を生成するときは、まずバケツで塩水をくみ、煮詰めるための小屋に運び、大型の四角い鉄鍋にそそぐ。木材をくべたかまどに鍋を載せる。動物の血液を加えると、塩水が煮立ったとき不純物を吸収して浮きかすとなって上がってくるので、それを注意深くすくい取る。職人は、絶えず液体をかきまぜなくてはいけない。結晶化が起こる直前、さらにビールを加えて不純物を吸収させ、結晶の純度を高める。最後に円錐形のかごに結晶を移し、乾燥させる。

週一回の掃除の日を除けば、鍋は二十四時間火にかけられたが、作業に必要なのは親方、助手、かまど番の少年の三人だけだった。あるじと妻と息子という組み合わせが多かった。

製塩業は、家族単位で参入しやすかったのだ。だがリューネブルクでは早くから家族経営は姿を消した。ハンザ商人が一軒ずつ事業を買い上げて、一つの大きな製塩所として管理したのである。

ザルツカンマーグート地方は、独自の塩鉱文化を発達させた。聖バルバラを守護神とし、十二月四日には聖バルバラを祝って皆同じ服装で民族舞踊を踊る。十九世紀までには、真鍮《しんちゅう》のボタンと肩章がついた黒いウールの上着、絹のリボンがついた黒いベルベットの帽子、二本のつるはしが交差した金の紋章という組み合わせが定着していた。

デュルンベルクの塩鉱は、深さ三十キロものトンネルだった。主トンネルは一四五〇年に作られたが、現在残る木材の支柱はほんの百年前のものである。トンネルは高さ二メートル、成人男性がらくに歩ける幅があった。だが山の重量がゆっくりとトンネルを圧縮していく。中世の鉱夫がケルト人の遺物を発見したのは、このように圧縮された古代の坑道のなかだった。四百年の歴史を持つトンネルには、場所によっては今日、幅四十五センチにまで縮まっているものもある。また十七世紀のあるトンネルは、九十センチの幅しかない。

トンネルは木材を支柱にしているが、壁面は塩の結晶の白い縞模様が走る黒い岩だ。貝殻など海の生物の化石が混じる箇所もある。鉱夫たちは急傾斜でつるつるした木製のすべり台で移動した。三十メートルにもおよぶトンネルもめずらしくなく、かなりのスピードですべり降りたようだ。ときには百メートルのものもあった。右側にケーブルが張られ、熟練した鉱夫が手袋をはめた手で引けばブレーキの働きをした。

デュルンベルク塩鉱山のすべり台で坑道を降りる、鉱夫たちの版画。右側のロープがブレーキ代わり（オーストリア製塩会社、デュルンベルク）

デュルンベルクは、遅くとも十七世紀末には観光地となっていた。ザルツブルクの大司教の特別な客をもてなす場所だ。数世紀前から、人々はすべり台遊びを楽しんでいた。鉱夫が先頭になり、五、六人の客がそれぞれつながって、トンネルをジェットコースターのようにすべり降りるのだ。また舟遊び用に、二十五の地下の湖もあった。

中央ヨーロッパの塩の大半は、ハプスブルク家の管理下に置かれるようになった。アルザスで十世紀に始まったハプスブルク家は、中央ヨーロッパで勢力を拡大するにつれ塩鉱業も手中におさめている。一二七三年、この一族の男がドイツ王ルドルフ一世となり、ボヘミアを征服して領土を拡張した。ハプスブルク家はダニューブ、シレジア、ハンガリーおよびガリツィア（現ポーランド南部）を支配した。その支配は、スペインやもとはスペインの植民地だった新大陸諸国、オランダ、ナポリ、サルディニア、シチリア、ヴェネツィアにまでおよんだこともある。

ハプスブルク家は塩の専売を確立し、製造、運搬、小売を管理した。ボヘミアはヨーロッパでも比較的豊かな土地だったが、塩の産出がなく、現在のドイツ、オーストリア、ポーランド南部にあたるほかのハプスブルク領からさかんに塩を購入した。

ハンガリーもまた、塩のとぼしいハプスブルク領だった。十六世紀、ハンガリーは食品の輸出に経済の基盤を置いており、重要な輸入品は香辛料、ワイン、ニシン、塩のわずか四品目だった。そして食品輸出の大部分を、塩の輸入に頼っていたのだ。食事にも、ほかの食品の保存のためにも豚の脂肪は欠かせなかった。十七世紀以後、脂肪は給料の一部だった。高脂肪の食事は富の象徴となり、都市住民は農夫よりも脂肪をたくさん取った。一八八四年の調査によれば、地方のハンガリー人が平均十八キロの保存された脂肪（塩漬け、燻製を含む）を摂取するのにひきかえ、都市のハンガリー人は二十五キロも摂取している。この数字は、バターはもちろん、バターのように溶かして食されるほかの動物性脂肪を除外したものだ。

保存した肉を食べるよりも溶かした脂で調理するのは、上流階級向けの十八世紀における革新である。伝統的には、脂肪は解体したばかりの豚から採り、上部の厚い脂肪層は取り除かれた。その後いぶしてから、乾燥した塩に漬けておかれた。例外は「大平原」と言われるダニューブ川東部の穀倉地帯で、ここでは空気乾燥による処理が施された。農夫たちは塩漬けの脂肪を溶かし、それを使って具をいためて濃いスープを作った。脂肪のかりかりしたかすの部分は、浮き実にした。

ポーランド南部では、紀元前三五〇〇年ごろから塩泉で塩水をくみ、土器で煮詰めて塩を作っていたが、徐々に塩泉は干上がっていった。一二四七年、鉱夫たちは地面を掘って塩水の源になっていた岩塩を採掘しはじめる。一二七八年、ポーランド王はこの塩鉱を所有したが、運営は事業主たちに任せた。ユダヤ教徒もキリスト教徒も含むポーランド人、ほかにフランス人、ドイツ人、イタリア人といった顔ぶれである。彼らは王家に金を払い、貴族階級には割引して塩を売った。

最初、鉱夫たちは戦争で捕虜となった者が多く、死ぬまで奴隷同様の状態で働かされた。十四世紀になってやっと自由民も塩鉱で働くようになったが、それまでは鉱夫になるのは死刑を宣告されるも同じだった。十六世紀、坑道は以前にもまして深くなり、八頭の馬が大型の滑車で塩水や岩塩を引き上げるようになった。塩鉱に連れてこられた馬は、地下で一生を終えた。

ヴィエリチカ、ボフニアをはじめとして、地下のひじょうに深い場所で塩が採れる山がある。一五二八年一月五日、私はきたならしいはしごを降りて、自分の目で鉱夫を見に行った。暑さのため鉱夫ははだかで、鉄の工具を使い、この無尽蔵の塩鉱から塩という宝の山を、まるで金か銀のように掘り出していた。（オラウス・マグヌス著『北方人の記録』一五五五年）

ポーランド王は毎年の歳入の三分の一をクラクフ近くの二つの塩鉱、ヴィエリチカとボフニアから得ていた。

一六八九年、これらの鉱山の作業場で、カトリックの礼拝が行なわれるようになった。ヴィエリチカの鉱夫たちは、岩塩に宗教的な像を彫った。地下九十メートルの作業場の床面、壁面、天井の岩塩から、礼拝堂、彫像、浅浮彫りを作りだしたのだ。塩の結晶でできた精巧なシャンデリアもある。

次第に塩鉱は来訪者を迎えるようになった。十七世紀初頭、デュルンベルクと同じように、ポーランド王は王族をはじめとする貴賓客に塩鉱を見せるようになった。王たちは、坑内の舞踏室で踊り、食堂で食事をし、地下の池で舟に乗った。現在も活動中のヴィエリチカ塩鉱楽団は、坑内の音響効果のすばらしさから一八三〇年に結成されたものだ。

ヴィエリチカとその付近のボフニアは、数キロ北でクラクフへ、それからワルシャワをへてバルト海にそそぐヴィスワ川のそばに位置していた。バルト海につながる水路を確保できれば、塩には巨大な市場が開けていた。だがバルト海沿岸の港に運ばれても、ポーランド南部の荒く黒ずんだ岩塩には、フランスやポルトガルの海塩との競争が待ち受けていた。ポルトガルがセトゥバルの塩をハンザ同盟都市に売ると、それはオランダとデンマークに売られた。十六世紀までには、安価で白いセトゥバルの塩は、ポーランドほかバルト海沿岸諸国でも人気を博した。ポーランド王は自国の塩を保護するために、ポーランドはいっさいの塩の輸入禁止という対抗措置をとった。

1867年、ヴィエリチカ塩鉱山の大広間で客をもてなすようす。壁、天井、床、シャンデリア、彫像はすべて塩で作られた（カルヴァー・ピクチャーズ）

一七七二年、ポーランドはオーストリア、プロイセン、ロシアに分割統治されることとなり、第一次世界大戦終了まで国家としての姿を消す。ガリツィア地方を獲得することにより、オーストリア・ハプスブルクはヴィエリチカとボフニアを掌中におさめた。この二つの鉱山で採れた塩はポーランド内部だけでなく、ハプスブルク帝国全域およびロシアでも市場に出回った。大国ロシアにはばく大な塩の需要があった。長い不毛な冬のあいだ、肉や野菜を保存しなければならないからである。たいていの社会では、牛肉を塩漬けにするときは、ブリスケット（上から五本目のリブの下の胸肉）や固い脚の肉などあまり美味でない部分を使うものだが、ロシアでは地面に肉を埋めて凍らせておき、食べるときに部位におかまいなく挽き切るのだ。

次のレシピは、エレナ・モロホヴェッツ著の『若い主婦への贈り物』の一節である。著者も本もロシアの家庭ではなじみ深いものだった。同書は一八六一年から一九一七年まで、農奴解放と共産主義革命のあいだの激動の時代に何度も改訂されている。

《ソローニナ（塩漬けの牛肉）》

解体したばかりの牛の血をタオルでふきとる。まだ体温が残っているうちにふきとらなければならない。血がついていると、肉の傷みは速い。大きな骨を取り除き、肉の重さを量り、オーブンで乾燥させ、硝石と香辛料を混ぜた塩を全体にすり込む。肉をテーブルに載せてよく冷ます。それから小さい樽をいくつか用意する。大きな肉片を中央に、小さな半ポンド（約二百三十グラム）の肉片をそのまわりに入れ、大きなすき間がで

バスクントチャク湖の鉄道まで、ラクダの荷車で運ばれる塩。ロシア、ウラル地方南部、1929年ごろ（カルヴァー・ピクチャーズ）

きないようにする。きねで肉を少し押す。塩、硝石、ベイリーフ、ローズマリー、オールスパイスを底にまき、肉を敷くたびに上にもふりかけ、樽をいっぱいにする。蓋をして周囲をタールで封印し、日に一度ひっくり返しながら、（暖かい）部屋に二、三日置く。それから樽を冷たい倉庫に移し、週に二回ひっくり返す。三週間後、樽を氷詰めにする。

　塩と香辛料の割合は以下のとおり。肉一・五プード（一プードは三十六・一一三アメリカポンド、すなわち約五十四ポンド（約二十四キロ））につき、よく乾燥させた塩二・五ポンド、硝石六ゾロトニク（一ゾロトニクはティースプーン一杯くらい)。そしてコリアンダー、マジョラム、バジル、ベイリーフ、オールスパイス、黒コショウはいずれも三ロット(一ロットは一・五オンスまたはティースプーン一杯)。好みでニンニクを加えても良い。開ける順番が遅くなる樽の肉には、塩を多めにふりかける。

樽は小型でオーク材のものを使う。いったん封を切って肉が空気にふれると、傷むのが速いから注意する。樽全体にタールを塗り、肉汁がもれないようにする。

肉を塩漬けにする前に、樽を洗い消毒する。(エレナ・モロホヴェッツ著『若い主婦への贈り物』)

アルザスからウラル山脈にかけてもっとも一般的な塩漬けの野菜といえば、キュウリとキャベツ、すなわちピクルスとザワークラウトだった。ピクルス作りで起こる乳酸発酵の重要性を中央ヨーロッパで一番よく理解していたのは、「ログスィズ」というピクルスの守護神を持っていたリトアニア人だろう。

どんなピクルス作りにおいても、野菜を発酵する前に空気にふれさせ、腐敗させてしまうことは避けなければいけない。前記のように入念に封印するか、重しをして食物が塩水から出ないようにする必要がある。次に、砂を重しとする例をあげる。

《ソレニエ・オグルツイ（キュウリの塩漬け）》

きれいな川の砂を乾かし、目の細かいふるいにかける。樽の底にてのひらの厚さ分、砂を敷きつめる。ブラックカラントの葉、ディル、刻んだホースラディッシュの層を作り、その上にキュウリを載せる。その上にまた、ブラックカラントの葉、ディル、刻んだホースラディッシュの層を載せ、砂を敷く。樽がいっぱいになるまで、これを繰り返す。一番上のキュウリの層の上には、ブラックカラントの葉を敷き、砂をかぶせて終わりにする。

塩水の作り方――水バケツ一杯分に塩一・五ポンドを入れ、沸騰させてから冷まし、キュウリを完全にひたす。蒸発するたび塩水を足すこと。塩漬けの仕方のいかんにかかわらず、キュウリは事前に十二～十五時間、冷水にひたさなくてはいけない。（エレナ・モロホヴェッツ著『若い主婦への贈り物』）

銅の鍋から食物に銅イオンが染み出して、野菜の色、とりわけ緑色野菜の色をあざやかにすることがある。たいへん見栄えのするピクルスができるわけだが、ほとんど消化されない銅の問題がある。モロホヴェッツは警告する。

買ってきたキュウリがきれいに見えるときもあるが、これは錫メッキをしない銅の容器に入っていた可能性がある。これは健康を害する。キュウリの緑色がこの理由によるものかどうか調べるためには、きれいな鋼鉄の針を突き刺してみればいい。キュウリの質が悪くなっている場合、針はすぐに銅の色になる。

ロシアとポーランドでは、ザワークラウトに使う塩の量は、各家庭の経済状態によって決まった。裕福な家庭は塩だけでなく、キャラウェイやディルのような香辛料も使い、ポーランド南部ならチェリーリーフも使った。モラヴィアでは、リンゴとタマネギが加わった。モラヴィア人は発酵をうながすために、パンも入れた。ポーランドではザワークラウト作りは、秋のジャガイモの収穫のあとの共同体の儀式のようなものだった。女性がキャベツを千切りにし、熱湯に入れて樽詰めした——ときには地面に木製の溝が作られることもあった。男性はそこに収められたキャベツをこん棒でたたき、あるいは足で踏んで、腐敗のもとになる空気の泡が出ないようにした。それから女性がキャベツをリネンでおおい、蓋をして上に重い石を置き、野菜がちゃんと漬かるようにした。毎年恒例のダンスは、ザワークラウトのたくわえができたことを祝うものだ。だが仕事はまだ終わらない。布はときどき洗い、ふたからカビを取り除かなければならないし、水面からキャベツが出ないよう水を足さなくてはいけない。二週間たったら冬じゅうもつ状態になるので、貯蔵所に移す。

ポーランドとロシアでは、ザワークラウトは料理のつけ合わせだった。千切りのキャベツとともに、丸ごとのキャベツも出された。ゴラブキという料理にはピクルスにした葉全体が必要なのだが、これは「鳩」を意味しながら、そのじつソバの実と肉を詰めたキャベツ料理である。スープのベースは塩水だった。ザワークラウトの絞り汁だけを使い、キャベツそのものは捨ててしまうこともあった。

ポーランドの国民的料理「ビゴス」は、ザワークラウトに肉、ベーコン、プラムのピクルス、果物をそえて出す料理だ。ポーランドのシュークルートとも言うべきこの料理は、過去数世紀、森のなかの空地で作られていた。貴族を中心とするハンターたちが空地にやってきて獲物を提供する。『パン・タデウシュ』は現在、ポーランドの国民的な詩とされるが、ビゴスを食すリトアニアの田園生活をうたった詩でもある。

ビゴスをこしらえている。
その色、味、においのすばらしさは、
言葉にできない。
言葉とリズムが鳴りひびく。
町の人間にはわからない。

リトアニアの食事と歌を知るには
健康で田園生活を送り、運動しなくては。

けれどビゴスとて、ふしぎに発酵した野菜がなかったなら、
これほどうまくはなかったろう。
まず刻んだキャベツがどっさりと、
そう、みんなが言うように、するする口に入っていく。
大鍋のなかで、そのしっとりとした胸肉は
極上肉の切り身の上に載っている。
そして半ゆでになり、
大鍋の口から湯気が上がると、
大気はうまそうなにおいで満たされる。

第十一章　リヴァプール発

塩の歴史において重要な役割を果たした大河には、揚子江、ナイル川、ポー川とテベレ川、エルベ川とダニューブ川、ローヌ川とロワール川がある。ここで忘れてならないのが、イギリス中部からわずか百十キロの地点でアイリッシュ海に流れ込むマージー川だ。

この川の重要性は、数十マイル離れたイギリスに物資を運んだことだけでなく、イギリスから世界に何を運び出したかということにある。ジョン王は一二〇七年、河口から五キロ入った水深のある港の周囲に、リヴァプールという港町の建設を許可した。元来リヴァプールはアイルランドとイギリスを結ぶ港だったが、しだいにロンドンに次ぐ重要な港に発展していく。西インド諸島からの砂糖の陸揚げや奴隷貿易の中心地となり、その後は鉄、石炭を陸揚げし、鋼鉄を運び出す産業革命の港ともなった。だがなによりもまず、ここはイギリスの塩、チェシャーの塩、すなわち世界に名をとどろかせるリヴァプールの塩を運び出す港であった。

ローマ人がイギリスに来た紀元四三年、ブリトン人は熱した石炭に塩水をそそぎ、できた結晶をすくっていた。ローマ人にとってこれは哀れむべき後進性であり、帝国主義者の彼らはこの原始的なブリトン人に正しい塩の作り方を教えた。土器の鍋で塩水を煮詰め、土器を割って塩の白い固まりを取り出す、というやり方だ。ローマ人は東海岸沿いに製塩所を作りはじめた。イギリスに来たその年にロンドンを建設し、オスティアがどれだけローマの発展に役立ったかを覚えていた彼らは、エセックスに製塩所を作り、自分たちが望むものを運搬する、テムズ川の大きな港湾都市にすることをもくろんだ。

ローマ人がイギリス北西部の深い森に引きつけられたのは、燃料のためだったのだろう。沿岸で塩水を煮詰めるのに使っていた泥炭は、底をつきそうになっていた。北西部でローマ人は、ケルト語で「ヘラト・ドゥ」、すなわち「黒い採石場」と呼ばれる場所を見つける。のちにチェシャーとして有名になるこの場所は、ローマ人が到達する何世紀も前から塩の産地だった。塩の生産の最古の記録は、紀元前六〇〇年の陶器の破片であり、ずっと以前からブリトン人がこの「新しい」ローマ式技術に習熟していたことがわかる。

隣接する北ウェールズには、銀山があった。銀を採掘すると鉛が残り、ローマ人はそれで百四十キロを越える大鍋を作ることもあった。ヘラト・ドゥで塩水を煮詰めるためである。イギリスにおける、金属の鍋で煮詰めた塩の誕生だ。地元のイギリス人もまた鉛の鍋で塩水を煮詰めることを覚えたが、「白い採掘場《ヘラト・ウェン》」と呼ばれる土地で行なうほうを好んだ。

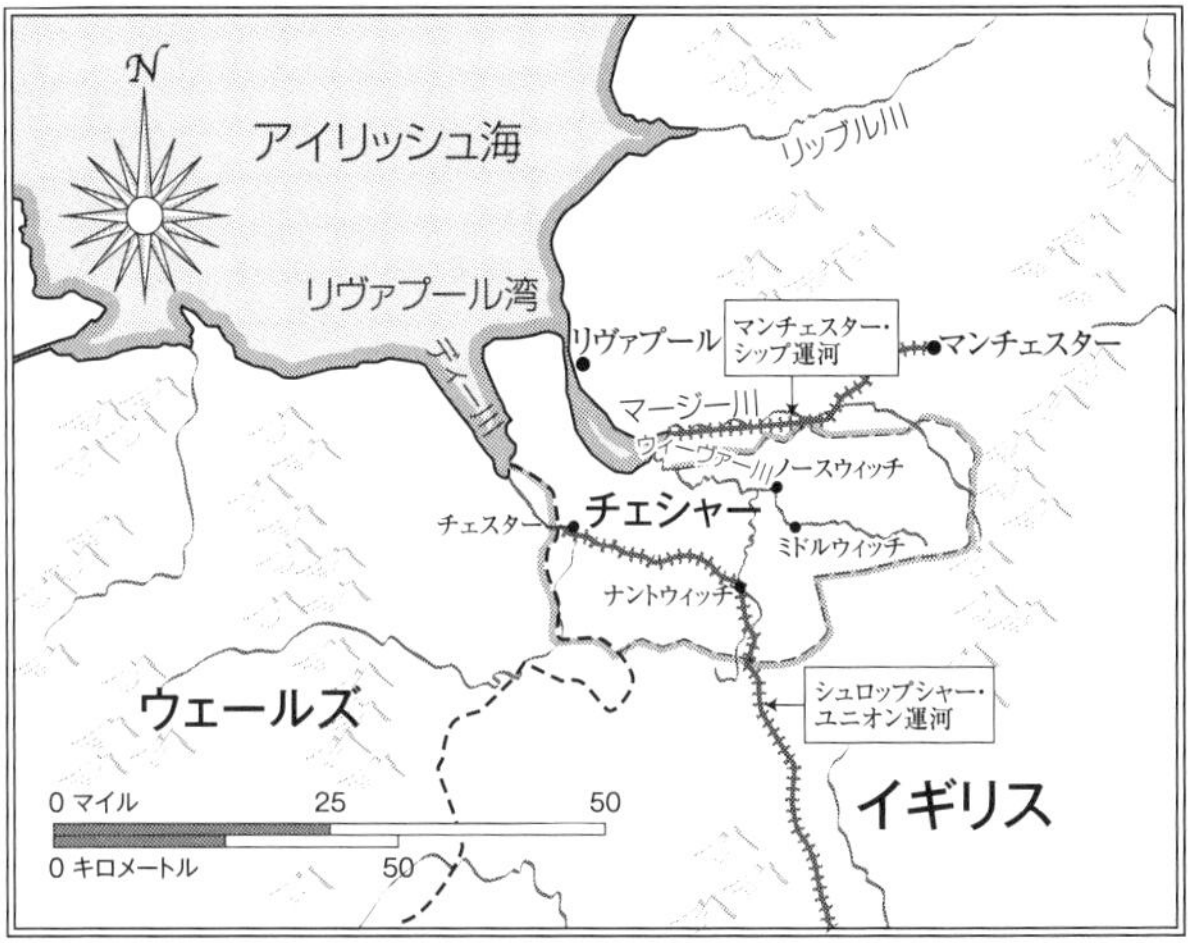

ここではより白い塩ができた。地名との符合は偶然ではない。

しばらくするとヘラト・ドゥには、アングロ－サクソン語で「北の製塩所《ノースウィッチ》」の名がついた。アングロ－サクソン人は製塩所を「ウィッチ」と呼び、「ウィッチ」のつくイギリスじゅうの町で塩を生産していた時期もある。ヘラト・ウェンはナントウィッチになり、ナントウィッチとノースウィッチのあいだの土地はミドルウィッチになった。

九世紀、マージー河口のチェシャーは、有数の製塩地に成長していた。商業的中心地はチェスターだった。ローマ人が築いたチェスターのとりではサクソン人最後の要塞都市となり、十一世紀ウィリアム征服王の前に陥落、ノルマン人はイングランド征服を果たす。一〇七〇年、ノルマン人は抵抗勢力を一掃すべくチェスターの町と製塩所を破壊した。数十年がかりでチェスターが再建されるあいだに、チェシャーの南、ウスターシャーのドロイトウィッチがイングランド製塩界の主役に躍り出た。

チェスターは、マージー川に似た水深の深いディー川に面した港だ。リヴァプールがマージー川沿いに建設されると、ほんの数マイル離れて並行する二つの川沿いに大きな町が二つでき、力を競った。だがディー川に沈泥がたまり、取引がリヴァプールに移行するとそれも終わった。

数世紀にわたり、ブリストルはリヴァプールより重要な港、それも塩の港だった。ブリストルの塩を輸出したためでなく、ポルトガルやフランスの塩を運び込む船の停泊地だったからである。イギリスの製塩所は、国内の漁業が必要とする海塩を提供することはできなかった。イギリスが最高のニシンの保存のために特別高品質な「白いうえにも白い」塩を作っていたときでも、それはフランスの海塩を水に溶かし、ふたたび煮詰めて不純物を取り除いてできたものだった。

塩漬けの魚の加工が続いたのは、宗教的信念よりも市場の存在ゆえである。ヘンリー八世がローマ教会と決裂した一五三三年を過ぎても、四旬節に肉を食べた者には、禁固三カ月や公衆の面前でのはずかしめなど、さまざまな罰が科せられていた。このころになると、塩漬け魚を作る動機は宗教より経済的なものになっていた――政府が漁業の支援を望んだのだ。一五六三年、金曜だけでなく水曜も肉食を禁じてはどうかという提案があったが、これは漁業艦隊の結成を目指した意見だったようだ。二十二年間にわたる論争をへた一五八五年、水曜肉抜きの案は却下された。イギリス人は断食法に我慢できなくなりつつあり、教会もそれに応じたのだ。肉抜きの日に肉を食べてもよいという免罪符は、教会にけっこうな収入をもたらした。

イギリス漁業省の主計官ジョン・コリンズは、一六四二年から足掛け八年間、ヴェネツィア艦隊に乗り込んでトルコと戦った海上生活の経験をもとにして、一六八二年、『塩と漁業』と題する本を著した。コリンズは海軍でひどい塩漬けの肉を食べなければならなかったが、それはあきらかに腐っており、同書に「いやなにおいがする」と書いた。この経験から、彼は「塩の性質を見極めたいと思うようになった」のだ。

コリンズが残した大量のレシピには、以下にあげるサケの塩漬けもある。今日でも有効なレシピだろう――長時間ジャンプしつづけられる十五歳の少年がいれば、の話だが。魚はスコットランドとノーサンバランドの境目で捕れるものを使うが、塩は魚の塩漬けのつねとして、フランス産を使うよう指示してある。

《バーウィクのサケの塩漬け》商人ベンジャミン・ワトソンの説明

一　サケはラディデー（受胎告知の祝日、三月二十五日）またはマイケルマスの日（聖ミカエルの日、九月二十九日）に、トウィード川かバーウィクから五キロ以内の海で捕るのが通常である。

二　川の上流で捕れた魚。馬の背に載せて下流に運ぶ。それから舟で新鮮なままバーウィクに運ぶ。

三　次に舗装された作業場に並べる。さばく職人二人と洗う職人四人が待機していること。

四　さばく職人はまず尾から頭へ、背びれ近くまで包丁を入れる。背骨は裏側の身につけたままにしておく（腹はいじらない）。一番小さいひれを傷つけないようにしながら、腸とえらを頭から取り出す。内部の血を洗い流せるように、裏側から小骨を取る。

五　魚の内側も外側も大きな桶のなかで洗い、イガイの貝殻やそれに似た鉄の薄い片でよくこする。それからきれいな水が入った桶に移し、また洗ってこそげ落とす。桶から出し、木製の棚に載せ、四時間乾かす。

六　倉庫に運び入れる。開くか、皮を下にして大きなバットか大樽に載せ、魚とフランスの塩を層にしていき、六週間そのままにしておく。経験で、塩漬けの頃合がわかるようになる。

七　容器のてっぺんに乾いた子牛の皮をかぶせ、石で重しをする。四十日くらいでおおいをどけると、上部に二インチ（約五センチ）くらいの浮きかすがたまっているので、すくい取る。

八　魚を取り出して漬け汁のなかで洗う。ていねいに樽に並べ、魚の層のあいだにバットに残った溶けた塩を大量にまく。魚同士がくっつくのを防ぐためである。下から四分の一まで詰めたところで子牛の皮をかぶせ、十五歳くらいの少年がその上で踏みつけたり跳びはねたりすること。二分の一になったとき、上までいっぱいになったときも、同じようにする。

九　てっぺんに塩を敷きつめる。桶屋が樽のたがを締める。

十　樽の中部に栓口をつけ、粘土でふさぎ、バットに残った漬け汁を何度もそそぎ込めるようにする。それにより脂が浮き上がる。それを何度もすくい取り、羊毛を脂に漬けるのに使う。十〜十二日でじゅうぶん塩漬けになり、輸出可能になる。（ジョン・コリンズ著『塩と漁業』一六八二年）

魚の保存のためでなくとも、チェシャーの塩には山ほど使い道があった。人間も家畜も食べる穀物は、十一月の収穫期を過ぎればもう採れない。それから家畜を解体し、春に草が生えて新しい家畜の群れが育つようになるまで塩漬けにする。解体の日は十一月十日のマルティンマス。聖マルティヌスは、もとは禁欲的なローマ兵としてガリアで戦っていたが、キリスト教徒に改宗し、心を入れ替えた酒飲みの守護神となった。キリスト教伝来以前の宗教も、動物を解体し冬に備えて塩漬けにする日を十一月十日と決めていた。当時の人間も改宗すれば、聖マルティヌスの許しを得られたことだろう。

イギリスの食品は極端に塩辛く、ベーコンは食べる前に塩抜きしなければならなかった。

一番白く新しいベーコンを用意し、外皮を切り落とし、平たい厚切りをうすくスライスする。皿に並べ、熱湯をそそぎ一〜二時間おけば、極端に塩辛くはなくなる。
（ジャーヴェス・マーカム著『英国の主婦』一六四八年）

野菜もまた冬じゅう塩漬けにするものがあったが、やはり使う前には水にひたして脱塩した。十七世紀の著名なイギリスの学者ジョン・イヴリンは、もっと野菜を食べ肉をへらすべきだと主張しており、緑の豆の保存法として以下のようなレシピをあげている。

新鮮でよく熟した豆を選ぶ。白ワインビネガーに塩を大量に加え、卵が浮くくらい濃くした塩水に豆を入れる。十二カ月保存できるように、容器にしっかり蓋をする。十一カ月目で食べられるようになる。三カ月間に必要と思われるだけ豆を取り出し（そうすれば次の漬け汁で味がしっかり染みる）、鍋に水を入れて豆が緑色になるまでさっと火を通す。それから一つずつ（清潔な目の粗いナプキンでよく水を切って）壺に敷きつめ、酢と好みのスパイスを加える。豆が空気にふれないように重しをする。こうすれば、サヤエンドウ、インゲンマメなどを一年じゅう保存することができる。（ジョン・イヴリン著『アセタリア』一六九九年）

バターもたいへん塩辛かった。ウィンチェスターの司教の所有地から発見された一三〇五年のレシピでは、バター十ポンド（約四・五キロ）につき塩一ポンドを使うことになっている。これではローマのガルムなみに塩辛くなる。塩は味付けよりも保存のために使われており、中世には、食べる前にバターを塩抜きする方法が多くの文献に残された。フレッシュバターを加えるという方法も多かった。

バターにも、チーズと同じくらい信じがたい伝説がつきものだ。中央アジアの遊牧民が持っていた動物の皮袋で牛乳がかきまぜられてできた、というたぐいの話だ。日光に弱いので、バターは北方の食品だった。ケルト人、ヴァイキング、彼らの子孫のノルマン人が、北方ヨーロッパにバターを広めたと言われている。南方ヨーロッパ人はバターを食べようとせず、何世紀ものあいだ、北にハンセン病が多いのはバターのせいだと考えていた。健康に気を使う南ヨーロッパの僧侶や貴族は、北ヨーロッパに旅行するときは、おそろしい病気にかからないようにオリーブ油を持参した。

冷却の方法がなかったので、塩抜きしたバターはすぐに変質した。「甘口」として売られたバターにも少しは塩が入っていた。イギリスには「メイバター」という特別なバターがあり、これは塩を入れない春のフレッシュバターを数日間日に当てたものだ。日光がカロチンを破壊し、バターを白くし、黄色の色素とともにビタミンもなくなる。こうなるとバターは変質するし、いやなにおいもする。だが奇妙なことに、中世にはメイバターは健康的な食品と考えられていた。

中世には、さまざまな種類の黄色い花を塩漬けにして壺に入れ、カロチンのなくなったバターに色をつけるための汁が出るまで攪拌《かくはん》した。コロンブスの大航海以後は、ベニノキの種子が染料として使われるようになった。この種子は今日でもアメリカの大手乳製品会社で使われている。バターの変質をごまかすためでなく、消費者は濃い黄色のバターを好むと信じているからだ。

イギリスでは、変質したバターの販売を禁ずる法案が通った。一三九六年には、塩漬けにした黄色い花の使用が禁止された。一六六二年、バターの基準を定める「バターの法律」が確立した。変質したバターと良質のバターを混ぜることを許可したものの、バターに使う塩はきめの細かいものでなければならず、製造者のファーストネームと苗字の表示を義務付けた。

バターの新鮮さを保つ方法は次のとおり。

上記のとおり（卵が浮く濃度の）塩水を作り、バターを沈める。五月になると私はこれを習慣にし、市場で買ったばかりのバターの固まりを塩水に漬けるようになった。おかげでどのバターも、甘さや新鮮さが保たれた。（ジョン・コリンズ著『塩と漁業』一六八二年）

教会は、牛の乳からできたバターを肉抜きの日に食べることは許可しなかった。だが四旬節に四十日間もバター抜きで過ごしたくない裕福な人々には特別な免罪符を売り、またもばく大な富を得ている。四旬節の時期を除けば、バターは安価な食品として裕福な階層よりも貧しい階層に好んで食された。塩の使用量が多いことから、ほぼ一年じゅう入手可能で、十六世紀以後はイギリス海軍の糧食になった。

バターを一地方のぜいたく品以上のものにしようと、北方ヨーロッパ人はバターを塩に漬けて保存しようとした。だが冷蔵技術が発明されるまでは、バターの適切な保存法は見つからなかった。そして最初に冷蔵の実験に使われたのは魚でも肉でもなく、みんなの好物であるバターだったのだ。

チーズは、牛乳やクリームの保存法として成功したものであると同時に、やはり貧乏人に人気がある塩漬け食品だった。ただ百五十ほども種類がある（一九七〇年代、イギリスのチーズ愛好家パトリック・ランスが伝統的なイギリスチーズ製造法の保護に立ち上がったときには、少なくともこれだけ残っていた）イギリスチーズを楽しむことができたのは、裕福な人間だけだった。

酪農が盛んで製塩所にめぐまれたチェシャーでは、当然ながら大量にチーズを生産した。チェシャーチーズはイギリスチーズとしてはもっとも古く、中世にはチェダーチーズや青筋の入ったスティルトンチーズ以上に、イギリスの代表的存在だった。これはチェダーチーズほどではないがハード・タイプで、チェシャーの牛が放牧されている塩分の濃い土壌がもたらす独特の風味がある。

イギリス人は十七世紀には、塩漬けのアンチョビーが溶けてソースになることを知っていた。ヨーロッパ大陸でも何世紀も前からこのようなソース作りは行なわれていたかもしれないが、アンチョビー・ソースが大流行したのは十七〜十八世紀になってからだ。十八世紀のアンチョビー・ソースの大家グリモー・ド・ラレイニエルはこう書いた。「このソースのできが良ければ、ゾウ一頭だって食べつくすことができる」

フランスの作家ピエール・ゴンティエは一六六八年、「アンチョビーは保存できるように塩漬けにされ、ガルムになる」と述べた。イギリス人は当時、アンチョビー・ソースをガルム（発酵した魚のソース）のように使っていた。塩漬け魚の汁を肉料理などにかけて、塩味をつけたのだ。

十八世紀のイギリスでは、アンチョビー・ソースはケチャップ、カチャップ、キャチャップなどと呼ばれた。

《イギリス風ケチャップの作り方》

広口のビンを用意して、極上の白ワインビネガー一パイント（約五百七十cc）と、エシャロットの皮むきしたものとつぶしたもの十個か十二個を入れる。ランゴンの最高の白ワイン四分の一パイントをさっと煮立たせ、洗って刻んだ（塩漬け）アンチョビー十二～十四尾を溶かし込む。それが冷めたらビンに移す。あらたに白ワイン四分の一パイントを用意し、メース、刻んだショウガ、クローブ少々、つぶしたホールペッパー、スプーン山盛り一杯を入れて少し沸騰させる。だいたい冷めたらナツメグ一個を刻み、レモンピール少々、ホースラディッシュ、スプーン山盛り二～三杯を加え、びんに移し、ぴったり蓋をする。毎日一～二回ビンを振って一週間たったら食用可能になる。

魚のソースに加えるか塩の効いた肉料理にかけるのが良い。マッシュルームの透きとおった汁に加えても良い。(イライザ・スミス著『模範的主婦』死後出版十六刷、一七五八年)

ケチャップという名詞は、インドネシアで魚と醤油を指す「ケチャップ・イカン」から派生した。インドネシアにはほかにも「ケチャップ」という音を含むソースがあり、意味は黒く濃い醤油ベース、ということだ。なぜイギリスのガルムにインドネシア語の名前がついたのだろう? イギリスは中世の香辛料貿易以来、アジアに調味料を求めてきたからだ。ウスターシャー・ソースをはじめ、イギリスのソースの多くが一八四〇年代に考案されたが、その多くがアジアの食文化の影響を受けている。

呼び名がガルムであろうと、アンチョビー・ソースまたはケチャップであろうと、大量の塩が使われたことに変わりはない。マーガレット・ドッズは一八二九年、ロンドンの料理にふれた本のなかで「キャチャップをうまく作るには、たくさん(の塩が)いる」と書いている。ケチャップに使う塩はもともと塩漬けの魚から採るもので、イライザ・スミスが言ったような初期のアンチョビー・ケチャップのレシピには、塩は含まれていない。アンチョビーにすでに入っているからだ。だが英米人のあいだでは、魚入りのケチャップはすたれてゆく。代わりにマッシュルーム・ソースやクルミ・ソース、はては塩漬けのレモン・ソースを使うようになった。アングローサクソンの料理から大胆さが失われるにつれ、料理人たちは魚を使うとほかの調味料の味が消えてしまうと考えはじめる。ローマの料理人が聞いたら覇気のなさにあきれるだろうが、マーガレット・ドッズはクルミ・ケチャップのレシピの最後にこんなことを言っている。

アンチョビー、ニンニク、カイエンヌ・ペッパーなどをこのキャチャップに加えることもある。だがこれは良くない方法だと思われる。料理によってはそれらの風味がじゃまになるためだ。欲しくなったらほんの少し加えれば良い。（マーガレット・ドッズ著『コックと主婦の手引き書』ロンドン、一八二九年）

そしてケチャップはトマト・ソースになった。アメリカではじめ「トマト・ケチャップ」と呼ばれたが、トマトはアメリカ原産なので、これは適当な名称だ。ヨーロッパにはヘルナン・コルテスがもたらし、地中海地方では愛され、北方では拒絶された。現存する最古の「トマト・ケチャップ」のレシピは、ニュージャージーの人間によるものだ。時期としては一七八二年より前、ということしかわからない。この年、この男はイギリス王に時代の趨勢《すうせい》に合わない忠誠心を持ったばかりに、ノヴァスコシアに逃げるはめになったからだ。

トマト・ケチャップの最古のレシピは一八一二年、フィラデルフィアの高名な医者にして園芸家のジェームズ・ミーズが著した。一八〇四年の時点ですでに、アメリカでトマトの呼び名となっていた「ラブ・アップル」を使えば、「良いキャチャップ」になると述べている。ミーズは、この調味料はフランス人がよく使うと言う。だがフランス人がトマト・ケチャップを好んだという確証はどこにもなく、彼が指したフランス人は、ハイチの革命から逃げてきた植民者であると思われる。現在でもハイチではトマト・ソースがよく使われ、「ソース・クレオール」と呼ばれている。

《ラブ・アップル・キャチャップ》

リンゴをうす切りにし、まんべんなく塩をふりかける。おおいをして二十四時間置く。よくかきまぜ、鐘青銅の鍋で三十分ことこと煮る。メースとオールスパイスを加える。冷めたら刻んだ生の春タマネギ二つ、ブランデー二分の一ジル（一ジルは二分の一パイント）をビンごとに加え、しっかり蓋をしてすずしい場所に置く。（ジェームズ・ミーズ著『知恵の宝庫』フィラデルフィア、一八一二年）

ケチャップはあいかわらず塩加工品だった。リディア・マライア・チャイルドは料理書『慎ましいアメリカの主婦』（一八二九年、ボストン）で、トマト・ケチャップの作り方のアドバイスをしている。「上手に作るには、塩とスパイスがたっぷり必要だ」

十七世紀末、チェシャーの塩はミドルウィッチの二カ所の塩鉱、ナントウィッチとノースウィッチで採れた。もしも中国の製塩業者が一五〇〇年代のチェシャーに来たら、あまりに原始的な技術に頼っているのを見てあきれただろう。上半身裸の男たちが坑道を降り、皮袋に塩水をくんで上がってきては、木製の桶に流し込むというやり方なのだ。塩水は網のようにめぐらされた管と樋を通って、地元の何カ所もの製塩所に流れていく。しかし一六三六年の訪問者は、塩水をくみ上げるためのポンプが設置されたと述べている。

十八世紀に入ると、イギリス人の生活は変わりはじめる。天候の移り変わりをうまく利用して植物の栽培期間を延ばし、食物の価格を下げるという試みに挑んだのだ。食物の値下がりにともない多くの農家が破産したが、職を失った農民はあらたな産業の労働力となった。

イギリス人は、産業こそすべての問題の解決だと信じた。彼らの発明した「農業関連産業」は、最良の作物の生産という目標を捨て、単位面積あたりの生産量の増加を目指した。小麦の生産高は飛躍的に上昇した。カブのような新しい飼料のおかげで、家畜は一年じゅう餌に困らないようになった。ジェスロウ・タルが一七〇一年に条播機《じょうはんき》を発明し、三列一度に種がまけるようになったのを皮切りに、さまざまな農業的発明、食物や家畜の品種改良、農機具の開発が毎年のように見られるようになった。これが現代的農業、すなわち産業先進国で大量に余剰農産物が生じる一方、世界的には飢餓状況が終わらないという構造の幕開けだった。

農業のあらたな開発は食物の年間を通じての生産を可能にし、それまでほど塩に頼る必要がなくなった。塩の使用をへらすというのは、新しい発想に思われた。だが塩の生産は増加するいっぽうだった。ローマの征服者が泥炭を使い果たしてしまったように、イギリスの製塩所も樹木を失いつつあった。

今まで使われてきた燃料はすべて木材だった。製鉄所が破壊され、適度な距離から得られる木材は年の四分の一の使用量にも満たない。それゆえ、現在は十三マイルないし十四マイル（約二十一〜三キロ）はなれた炭鉱から運ばれてくる石炭を燃料にしている。（トーマス・ラステル博士、ドロイトウィッチ、一六七八年）

一六五〇年、チェシャーの森林資源は枯渇しかけていた。石炭をくべるかまどには、部屋の大きさくらい巨大化した鉛の鍋が載っていた。チェシャーまでの石炭の運搬費用が、製塩コストの大半を占めるようになった。製塩業者たちは、チェシャーの地下に石炭がないものかと考えた。まわりは石炭産地だらけだ。北のカンバーランドのホワイトヘヴン、クライド川河口のグラスゴー近辺では、生産した塩をチェシャーよりはるかに安く売っていた。製塩所が炭田も持っていたからだ。

エリザベス一世は自国がフランスの塩に依存していることを案じ、ノーサンバランドのタイン川沿いの製塩業者に、国家による市場の確保を約束した。この地は安価な燃料として石炭を産出したので、塩の生産を奨励するために選んだのだ。

チェシャーには、塩も川も大西洋岸の港もあった。当時イギリスが急激に支配力を増していた世界にたいして、チェシャーの製塩業者は塩を供給することができたはずだが、あいにく安価な燃料を持たなかった。彼らは炭鉱を探しつづけた。一六七〇年、ジョン・ジャクソンがノースウィッチ付近のウィリアム・マーベリーの所有地で探鉱した。石炭は見つからずじまいだったが、わずか地下三十二メートルのところに堅固な岩塩床を発見した。

王立協会は最初この発見を大々的に発表した。ジャクソンは地下塩泉を発見できたのか？　これはかつて海底だったところなのか？　一六八二年、ジョン・コリンズはチェシャーについてこう書いている。「海から遠隔地にあるこれらの塩泉は、岩盤あるいは地下の塩鉱から湧き出していると思われる。それが地下の水路や未知の水脈によって湿り気を与えられたのだろう」

だがマーベリーは、ジャクソンが石炭を発見できなかったことに落胆し、岩塩を採掘しようともせず一六九〇年に破産してしまった。一六九三年、また別のチェシャーの地主サー・トーマス・ウォーバートンが地下の岩塩を発見し、四年後、チェシャーの四つの岩塩鉱の一つを所有することとなった。

岩塩に燃料は必要なかったが、チェシャーで塩水を煮詰めていた者たちはただちに岩塩の採掘を禁ずる法律を作るよう、議会に圧力をかけた。岩塩がこれ以上発見されるとチェシャーの自然環境が変わってしまい、塩井と鉛の鍋しか持たない小規模の製塩業者たちが、大規模で資本力に富む鉱山会社に追い出されると懸念したのだ。

だが岩塩の発見により、それまでも成長していた製塩業界はますます経済力を持ち、政府に水路の建設を迫ることができた。一七一三〜一七四一年のあいだに、政府はマージー川と製塩所を結ぶ水路を引いた。十八世紀末には、マージー川沿いに塩の精製工場が立ち並び、リヴァプールの船着場には塩の倉庫が作られていた。マージー川対岸のランカシャー南部からは、平底の荷船で石炭を安く運ぶことができた。製塩業、石炭産業、そしてリヴァプール港は、共存共栄の道を歩んだのだ。

スコットランドにとっては不運なことに、一七〇七年、まさにイングランドと連合しようというときに、チェシャーは強大な都市になっていた。カトリック教徒のジェームズ二世がイングランド王の座を追われたのち、長老教会がスコットランドの国教となり、統一への最後の障害が取り除かれた。スコットランド、イングランドの両議会は合併した。だがスコットランドが加わることによって、その塩がイングランドに運ばれることになり、チェシャー商人は連合条約に塩の生産、価格設定について数々の規定をもうけ、スコットランドの塩がチェシャーの塩と競合しないようもくろんだ。これが、不穏な空気のうちに連合が始まった理由の一つである。その三十年ほど前、ジョン・コリンズは「この関税が軽減されないかぎり」、塩の競争はイングランドとスコットランドのあいだに敵対関係を招くだろうと警告している。

一方チェシャーの製塩業者は、付近の炭層が自分たちの地所まで延びているのではないかという考えを捨てようとしなかった。一八九九年には二キロ近くもの坑道を掘り下げている。だがまたしても、見つかったのは塩だけだった。

イギリス全体で本格的な産業化が始まる以前から、チェシャーでは産業のために環境が悪化するのは当然のこととされていた。チェシャー商人は、製塩のための燃料の煙で二十四時間真っ黒な空を見上げ、自分たちの勤勉さのあかしだと誇るのだった。

チェシャーの森林は燃料用に切り倒された。牧草地には草の生えない白い跡がついた。塩水を煮詰める鍋は定期的に底にこびりついたものをこそげ落とさなくてはならなかったが、その残留物を捨てる場所が白くなったのだ。そして地盤そのものも沈下しはじめた。

一五三三年、チェシャーのカンバミア付近の土地が陥没し、塩水の水たまりができたという報告があった。また別の塩の池がビックレーで発見されたのは、一六五七年である。

一七一三年にはウィンスフォードのウィーヴァー・ホールという地所で、大きな穴が発生した。これらのかまど型のくぼみはいずれも製塩所の近くにでき、すぐに塩水でいっぱいになった。地元住民の多くは、塩鉱のせいで穴があいたと信じていた。だが製塩業関係者は穴のそばに廃坑はないと反論する。十八世紀最後の二十年間は、すくなくとも二年に一度は地盤沈下が発見され、塩の生産量の増加と地盤沈下には関係があると考えられるようになった。

チェシャーの塩の産出量はふえても、イギリスはまだエリザベス女王が心配した外国産の塩への依存から脱却していなかった。十七～十八世紀にかけてこれはたびたび浮上した問題で、とくに懸念されるのは輸入する塩の大半が最大の敵フランスから来ることだった。陸路の遠征の際は、英国陸軍は大量の塩を支給され、行軍中も新鮮な肉を得て必要なだけ塩をふることができた。英国海軍は塩と塩漬け食品を糧食とした。塩は火薬と同じく戦略上の重要品であり、火薬も塩を原料とした。

一七四六年、チェシャー住人トーマス・ラウンズは、海軍省宛てに塩の自給率を説く長い報告書を書いた。フランスとオランダの塩を研究した結果、良質な塩の秘密を発見したという興奮に満ちたものだった。

製法は以下のとおりである。

チェシャーの塩鍋（一般的な八百ガロン入りのもの）に、上から一インチ（約二・五センチ）のところまで塩水を満たす。火を起こし、塩水が温まってきたら、肉屋で入手した動物の血一オンス（約三十グラム）、または卵二個の白身を加える。ぐらぐら煮立たせ、浮きかすをすくい取る。じゅうぶん煮詰まったら、新しいエール（ホップを入れないビール）またはビールを三分の一パイントそそぐ。塩の結晶ができはじめたら、新鮮なナツメグの植物油少々をたらす。三十分たち、大量の塩ができたら塩を取り出す。このとき、塩水の中心部の温度を下げるために、かなり弱火にする。けっして燃料を足さずに、塩水を徐々に冷ましていき、なんとか手を入れられるような温度をできるだけ保つ。しばらくして塩の結晶化が見られたら、新鮮なナツメグの植物油少々を加え、二分ほどしてからひじょうに細かくくだいたコモンアロム一と四分の三オンスを一面にふりかける。すぐさま鉄鍋に塩水をそそぎ、一分ほどよくかきまぜる。燃料を足し、やけどするほど熱くなく、しかし生ぬるくならないよう気をつける。このまま三日三晩たったら塩水をほかの鍋にあける。

　残った塩水は冷たくて使い物にならない。だから新しい石炭をくべて塩水を三十分ほど沸騰させる。だが前回ほど強火にしない。落ちはじめた（業界用語だ）塩は取り出してよけておく。鍋を冷ます。手を入れられるくらい冷めたら、最初と同じ行程を繰り返す。ただしアロムの量は一と四分の一オンスを越さないこと。四十八時間たったら鍋をあける。（トーマス・ラウンズ著『改良した塩、またはフランスのベイソルト以上の塩を塩水から採る方法』一七四六年）

ラウンズは海軍省に請け合った。「私の提唱する方法でより良質な塩を作れば、大衆も喜び、秘伝が広く知られることになるでしょう」。だが生産コストが安いことで商売がなりたっている塩作りに、「秘伝」とは大げさだと考えた者もいた。二年後、医者ウィリアム・ブラウンリッグは『コモンソルトの作り方』でラウンズの製法を批判し——「もっと安い経費で純度の高い良い塩を作ることができる」——幅広い読者の支持を得た。

チェシャーの塩も質だけでなく、価格を抑えることがより重視された。ほぼ七十五年前、トーマス・ラステル博士は、塩水の不純物を取り除くときに動物の血液を使うのをやめ、卵の白身ですくい取るようになったことで、ドロイトウィッチの塩作りが簡略化されたと書いている。白身を使う技術は、現在でも透明感のある肉汁ゼリー（肉・魚などを包み固めた料理）を作るときに肉汁のあくを取るのに使われている。

透きとおった汁を作るのに、我々は卵の白身だけを使う。白身四分の一個分を石けんの泡のようになるまで手でよく泡立てて、バットの一～二ガロンの塩水に入れれば不純物はすべて取れる。卵一個の白身が二十ブッシェル（約七百リットル）の塩水のあくを取る。こうすればこの上なく白い塩ができる。血であくを取るときとちがい、風味が悪くなることもない。結晶化させるときに特別なものは使わない。あまりかきまぜなければ、ベイソルトと同じくらい大粒の塩ができる。（トーマス・ラステル博士、一六七八年）

18世紀のイギリスの版画。ニューファンドランドでタラを塩漬けし、干すようす（グレンジャー・コレクション）

つねに目標とされるのはベイソルト、すなわちブールヌフ湾の塩に似せた塩作りだった。それはあくまでも漁業用の塩作りだったからだ。ラウンズは論文に、マスターズという船長から一七四五年六月五日付けの手紙を受け取ったと書いている。手紙によれば、ニューファンドランドのタラの漁場は毎年「すくなくとも一万トン」の塩を使っていた。

一七一三年から一七五九年にか

けて、かなり大がかりな戦争によりイギリスは北アメリカのタラの漁場の大半を奪取した。イギリス人は新しいタラの漁場の可能性に小躍りした。だがこの大勝利の十年前にもブラウンリッグ医師は、フランス領ノヴァスコシアの端ブレトン岬を獲得しただけでも、イギリスは塩の供給量をふやさなくてはいけないと警告していた。

北アメリカのタラは無限に捕れそうだった。そしてイギリスに残る課題は船と船乗りの数、そして塩の供給だった。

第十二章　アメリカの塩戦争

北アメリカのロードマップを広げてみれば、一目瞭然だ。間道や枝道の気まぐれなパターンからは、町であれそのあいだをつなぐ道路であれ、なんの計画性も設計の意図もなしに建設されたということがよくわかる。道路は人が歩いてつけた道や小道を広げたものに過ぎないのだし、こういった道はもとはといえば、塩を探す動物が踏み固めたものなのだ。

動物は塩泉、淡海水、岩塩など、なめることができる天然の塩を探して、必要な塩分を摂る。北アメリカ大陸の塩なめ場は、白っぽい茶色や灰色が数エーカーにわたって広がるやせた平地で発見されることが多い。動物が絶えずなめていたため、ほら穴ほどもありそうな深いくぼみができている。道の終点にある塩なめ場は塩を供給する場所だから、定住するには良いところだった。村は塩なめ場のまわりに作られた。エリー湖付近の塩なめ場にはバッファローがつけた広い道があり、そこに築かれた町はバッファロー（ニューヨーク州）と名づけられた。

ヨーロッパ人は北アメリカに到着したとき、あちこちで塩が作られているのを見た。一五四一年、スペインの探検家ヘルナンド・デ・ソトがミシシッピー川をさかのぼり、こう記した。「川沿いで塩が作られている。水位が下がると砂地に塩が残る。砂が大量に混ざっている状態で塩を集めざるをえない。その後、広口で下がすぼまった形の塩作り用のかごに砂を入れる。棟木につるし、かごの上から水をそそぎ、下に受けるための容器を置く。その中身をまた漉してから煮詰めると、底に塩がたまる」

農業をしない狩猟民族は塩を作らなかった。例外がベーリング海峡のイヌイットで、トナカイ、オオツノヒツジ、羊、熊、アザラシ、セイウチなどさまざまな動物をつかまえては、塩味をつけるために塩水でゆでた。ペノブスコット族、メノミニー族、チペワ族などおおかたの先住民は、ヨーロッパ人が来るまで塩を使ったことはない。ヒューロン族の集落をおとずれたイエズス会の宣教師のなかには、塩がないと文句を言う者がいた。だがヒューロン族はワイン、塩など「目を乾燥させてその働きを害するもの」を摂取しないからフランス人より視力がすぐれているのではないか、と指摘する宣教師もいた。

ピュージェット湾岸に住む先住民はサケをおもな食料としていたが、塩は使わなかったらしい。コネティカットのモヒガン族はロブスター、ハマグリ、ニシンダマシ、ヤツメウナギといった魚介類のほか、トウモロコシも大量に食べていたが、コットン・マザー牧師によれば、「我々が与えるまでは、彼らは一にぎりの塩も持たなかった」

しかしデラウェア族は、碾き割りトウモロコシに塩をかけて食べた。ホピ族は豆をゆでて塩とともにすりつぶし、塩水でチリペッパー、ワイルドオニオンといっしょにゆでたジャックラビットのつけ合わせにした。ズニ族はゆでて塩味をつけた団子に塩水のソースをかけて、ライム入りの塩味のパン、スエット（牛などの固い脂肪）に塩をふったものとともに供した。クシェウェと呼ばれる料理だ。ズニ族が旅に出るときにはかならず、塩とレッドチリを入れた壺か土器の箱を携帯した。これは、今日も南西部に残る伝統的な調味料である。

アステカ族の暦《こよみ》の七月になると、ウィシュトシワトルを祝って盛大な祭りが行なわれた。ウィシュトシワトルは、兄たちと雨の神々の怒りにふれて海中に追放され、塩を発見し、塩作りを発明したといわれる女性だ。十六世紀、スペイン人修道士ベルナルディノ・デ・サハグンは彼女の容姿をこう形容した。「耳は黄金色。黄色い衣服、かがやく緑の羽毛、網目織りのスカートを身につけている。ワシ、オウム、ケツァールの羽飾りがついた盾を持ち、香をたきしめた紙の花がついた杖で拍子をとる」。ウィシュトシワトルの身代わりとして少女が一人選ばれ、塩を作る女たちと十日間踊る。十日目、クライマックスを迎えると奴隷が二人殺され、少女も生贄《いけにえ》にされる。

北アメリカ先住民族の多くの文化が塩の神をあがめていたが、そのほとんどが女神だった。ナヴァホ族は年配の女性を一人、塩の女神に選んだ。北アメリカ南西部とメキシコの農耕民族は、塩集めの旅を大々的な祭りで始めることが多かった。ホピ族には、「塩の女」

に指名された女性と男性たちが性交する習慣があった。北アメリカ南西部では、塩集めは宗教的指導者が統率するものだった。たいていは、塩集めへの参加を認められるには秘密結社への入会儀礼をへることが必要で、ほとんどの場合、ラグーナ族のオウム教団のような特権的な集団しか塩の探索に行くことができなかった。概して男性だけが塩集めを許されたが、ナヴァホ族は女性の参加も認めていた。言い伝えによれば、ズニ族はもとは女性の参加も許していたが、塩集めの途中で男女がふしだらな行為をしたため塩の女神の怒りにふれ、塩が採れなくなり、以降女性の参加を禁止したという。塩集めの一行が出発してからは、ズニ族総出で道中の安全を祈る。男たちが帰ってくると、各人の父方の叔母が男の頭と体をユッカの根から作った石けんで洗った。

南北アメリカの歴史は、塩をめぐる絶えざる闘争の歴史である。塩を支配できる者だけが権力をにぎった。これは、ヨーロッパ人渡来以前からアメリカの南北戦争直後まで変わらなかった状況である。

イタリア半島同様、南北アメリカ大陸の文明は塩の採取所に築かれた。インカ族はクスコ近郊の塩井で塩を作った。コロンビアにはじめて定住したのは、塩を必要とし製塩法を覚えた遊牧民族だったと思われる。彼らの社会は、天然の塩泉のまわりに作られた。チブチャ族はボゴタに住んだ高地民族だが、卓越した製塩技術を持っていたため支配民族になった。二十世紀の心理学者が興味を引かれそうな性と塩の結びつきの例としては、首長たちが年二回、神に感謝を示すために塩の摂取と性交を控える習慣があった。

アフリカと同じく、チブチャ族は塩を乾燥させて三角錐に成形した。階層社会のつねで、さまざまな等級の塩が作られた。一番白い塩は上流階級用、黒く味の悪い塩は下層階級用だ。チブチャの天然の塩泉はシパと呼ばれる帝王が所有し、帝王は塩を供給することで支配力を維持していた。帝王の力の源を理解していたスペイン人は、塩泉を奪取し、所有権はスペイン王にあると宣言、シパの権威を打ち砕いた。

ヘルナン・コルテスの伝記作家ベルナル・ディアスは、アステカ族は尿を乾燥させて塩を採っていたと言う。ホンジュラスのある民族は、海に熱した棒を突っ込んで塩をすくい取った。ローマ人はブリトン人が同じことをしているのを目撃している。もっと一般的な製塩法としては、天然の塩泉の水を蒸発させる、サハラ砂漠のセブカのような塩湖の底をすくう、海岸で海塩をさらう、などがあった。

アステカ族は武力で塩の道を支配し、敵対するトルシャラカルテカ族などが塩に近づくのを防いだ。ウィリアム・プレスコットの名著『メキシコ征服の歴史』（一八一九年）は、アステカ族が被支配民族から貢物を受け取るようすを描いている。「成形した二千の純白の塩塊が、メキシコの首長のためだけにささげられる」

スペイン人は、征服した先住民族の製塩所を奪い取った。コルテスはスペイン、ポルトガル両国の製塩所からほど近いスペイン南部出身だったため、塩をめぐる権力と政治について熟知していた。彼は塩を採らないことで独立を維持し、アステカ族の迫害をのがれたトラトク族を賞賛の目で見ており、「自分の国に塩がなかったので、彼らは塩を食べなかった」と書いた。イギリス人と同じく、トラトク族も塩に依存することをおそれていたのだ。

マヤ族が塩を作った最古の記録は紀元前一〇〇〇年ごろにさかのぼるが、より古い製塩所の遺跡はオアハカ族など非マヤ・メキシコのものである。偉大なマヤ文明は塩によって起こり塩によって滅んだ、とするのは過言かもしれない。だがマヤ文明が塩を支配することで勢力を増し、塩の産地をめぐる抗争にあけくれながらも塩の交易能力によって栄えたのは事実である。ヨーロッパ人が来たころ文明は没落の段階にあり、その要因は塩の交易が傾いていたことだった。

マヤ世界は、ユカタン半島から今日のメキシコのチアパス州やグアテマラにまでおよんだ。ヘルナン・コルテスが十六世紀初頭にはじめてユカタン半島をおとずれたとき、マヤ族は大規模な製塩業をいとなみ、塩だけでなく塩漬けの魚、動物の革などの塩蔵品を取引していた。

マヤ族は塩とマジョラムやフルの木の葉を混ぜて避妊薬とし、油と混ぜててんかんの薬を作り、ハチミツと混ぜて陣痛の緩和剤にしていた。誕生と死にまつわる儀式でも塩は欠かせなかった。

ユカタン半島では、遅くとも二千年前から天日乾燥で塩を作っていた。つまり、彼らの天日乾燥による海塩作りの歴史は、ヨーロッパ人と同じくらい長いということだ。マヤ族はまた植物から塩を抽出する方法も知っていた。ただ、植物に含まれる塩分は塩化ナトリウムよりも塩化カリウムが多い。草はもちろんヤシなどの植物を燃やし、灰を塩水に漬けてから乾燥させた。この技術は、南北アメリカやアフリカの孤立した森林地帯の民族のあいだに見られた。

チアパスのラカンドン族は、マヤ世界のなかでも文化的、地理的に独特な民族で、雨の多い森林で暮らしていた（あいにくその森林は、のちにメキシコとグアテマラの国境と重なる）。特定の種類のヤシを燃やして塩を作り、それを通貨としても使った。長い白い衣装をまとい、雨の多い森林でカヌーをこいで静かに独自の生活を守っていた。だが二十世紀、現代国家メキシコとグアテマラがラカンドンの森林を縫う国境に関心を持つと、彼らの平安は終わった。軍隊としては、森林があるゆえに国境警備が困難だったのだ。ラカンドン族は硬木を材木会社に売り、森林は富の源だった。だが森林が消滅するにつれ、民族は伝統を失いはじめ自足的な生活もできなくなった。材木会社が塩を供給するようになったので、ラカンドン族はヤシを燃やすのもやめた。

チアパス－マヤ族の文化的崩壊を象徴するように、ラ・コンコルディアと周辺の製塩所は一九七〇年代、ダム建設のために湖の底に沈んだ。デンマークの人類学者フランス・ブロムは、一九二〇年代から一九四〇年代にかけてマヤ文明を研究した際、マヤ高原でユニークな製塩所を発見した。塩泉の塩水を木の幹を通じて浅い石鍋に流し込み、天日乾燥させるというものだ。これはハワイ人が石のボウルを使った方法に似ている。ラ・コンコルディアの人々は乾燥用の鍋に葦を入れ、六角星の形に並べた。葦に結晶がつくと厚みと光沢のある白い飾りができ、塩作り職人が供え物として売った。ブロムの時代には、マヤ族はその飾りをカトリックの教会に供えに行った。

偶然だが、チェシャーの塩作り職人にも同じような習慣があった。クリスマスシーズンになると、職人は木の枝を乾燥用の鍋に入れ、雪の結晶のようになるのを待つ。雪が積もったような枝を家に持って帰り、クリスマスの飾りにしたのだ。

スペイン人が来たことで、新しい権力者による塩の支配だけでなく、産業用の塩の需要の激増も招いた。スペイン人は家畜牛をもたらしたが、餌として塩を与えるほかに、当時盛んだった革産業のために皮を塩で保存することも必要になった。貴金属の発掘に熱中したスペイン人は、十六世紀なかば、メキシコの銀鉱でパティオ・プロセスを発明した。塩を使って鉱石から銀を分離させる方法で、塩に含まれるナトリウムが、不純物を取り除くのだ。パティオ・プロセスによる銀鉱にはぼう大な量の塩が必要で、スペイン人は銀鉱山付近に大規模な製塩所を作った。

ユカタン半島の気候は製塩に向いており、カリブ海と中央アメリカに近いことから理想的な交易地だった。プレコロンビア期のアメリカでは最大の塩の産地であり、スペイン人に征服されたときもまだその地位を保っていた。

ユカタン半島で貴金属の鉱脈を見つけることができなかったスペイン人は、ユカタンの製塩所から国家収入を得ることを思いつく。だがスペイン王がさまざまな塩税を提案したため、ユカタンの塩が値上がりし、イギリス向けに作られるキューバの塩に対抗できなくなった。キューバはスペインの植民地だったので、スペインの市場になるはずだった。そして十九世紀、リヴァプール港を通してユカタンの塩がイギリスに輸出されるようになると、塩の価格は大幅に変動した。

イギリス人はまず北アメリカ北部ニューファンドランドに到着し、タラを捕った。次にカリブ海に南下して、タラに必要な塩を採った。両地点のあいだにかなりの入植者が住むようになってはじめて、リヴァプールの塩を売るにはアメリカが良い市場ではないかと目をつけた。

イギリス海軍省が考えた海塩不足の解決法は、海水から塩を採るか、外交手段によって塩の産地を獲得するかだ。一方ポルトガルには海塩も有力な漁船団もあったが、防御手段を必要としていた。とりわけ定期的に漁船を襲ってくるフランス人がてごわい相手だった。そこでイギリスとポルトガルは、イギリス海軍が護衛に当たり、ポルトガルが海塩を提供するという同盟を組んだ。

ポルトガルと同盟を組むことで、イギリスはカポヴェルデ諸島と取引ができるようになった。ここでイギリスの船は海塩を積み込んで、大西洋上を帰途についた。群島の東部に位置するマイオ、ボアヴィスタ、サル（塩の意）には塩分濃度の高い沼地が広がり、十七世紀、ポルトガルはイギリスに、マイオ、ボアヴィスタ両島の塩沼の独占的使用権を与えた。

イギリスの船は、夏の雨が塩水を台無しにする前、十一月から七月のあいだしか塩作りができなかった。たいていは一月にマイオ島沖のメイ島に停泊し、船員たちは大型ボートを降ろして、広い浜辺まで百八十メートル弱の距離をこいでいくのだ。浜の後方の沼沢地には長さ一・六キロほどの細長い池があり、深さ二十センチの塩水をたたえていた。船をいっぱいにするほどの塩をすくうには数カ月かかる。予想より早く雨が降って撤退を余儀なくされることもある。すでにマイオでおおぜいの船員が塩くみをしていたので、ボアヴィスタ島に行かざるをえない船もあった。ボアヴィスタ島のほうが、塩水の塩分濃度が低く結晶化にも時間がかかり、錨を降ろせる地点も浜から遠かった。水兵は船まで二キロ近くもボートをこいで塩を運ばなければならなかった。

それでも海塩には、数カ月の労力に見合うだけの価値があった。

十七〜十八世紀、ヨーロッパ列強がサトウキビをめぐってカリブ海で戦っていたあいだ、北方ヨーロッパ人（イギリス、オランダ、スウェーデン、デンマーク）はカポヴェルデ諸島のような塩沼のある島を求めていた。

一五六八年オランダ人は、オラニエ公ウィレムのもとでスペインからの独立を目指して戦い、結果としてスペインの塩を買うことができなくなった。だが暑く人気のない百三十キロの潟、ヴェネズエラのアラヤでは、見とがめられることなく上陸してスペインの塩を盗むことができた。そこではカリブの海水が蒸発し、厚みのある白いクラストを形成していたのだ。オランダ人はまた、近くのオランダ領アンティル諸島のボネールでも塩を採った。

イギリス人は、トゥルトゥガ（現ヴェネズエラ領）もしくはソルト・トゥルトゥガと呼ばれる小さな島で、スペインの塩を不法に採った。イギリスはまたアングイラ島とタークス諸島でも塩を作った。ここは北アメリカに近く、タラ漁場に位置するという利点があった。イギリス人は塩を産する島の一つに停泊し、カポヴェルデでの塩集めと同じように水兵が塩をすくって船に積み、ニューイングランド、ノヴァスコシア、ニューファンドランドなどへ運んでいくのだった。

敵国の戦艦や海賊をおそれた塩の船は、護衛されて航行した。これはヨーロッパの海上でも同様である。ルクロアジックの港では、塩が船積みされているあいだ、さまざまな国籍の巨大な戦艦が停泊していた。水兵は上陸時、武器の携帯を禁止された。二国籍の戦艦の乗員が同時に上陸した場合、港での乱闘が戦闘に発展する危険があったからだ。イギリスとオランダの水兵の間柄はとくに険悪だった。

冬の終わりになると、護衛された何十隻ものイギリス船がバルバドスに集結する。そこで大船団を結成し、司令官を選ぶのだ。それからトゥルトゥガなど塩の採れる島に行き、乗組員が何カ月も塩積みの作業をする。船団の規模が大き過ぎたり雨が多かったりした場合は、すべての船をいっぱいにすることはできなかった。船はたがいに一時的な契約を結んだに過ぎなかったので、自分の船を満杯にすべく先を争って塩を集めた。それからともに北に向かい、スペイン艦隊など敵の襲撃の危険がなくなったと感じた時点で各々独自のコースを取った。


イギリスがその百五十年前から探査していたバーミューダが、一六八四年、正式にイギリス領になった。初代総督は、「ひきつづき塩をさらうように」という指令を受けた。アメリカの植民地に向かうイギリスの船は、北アメリカ大陸から千キロほど離れた大西洋上

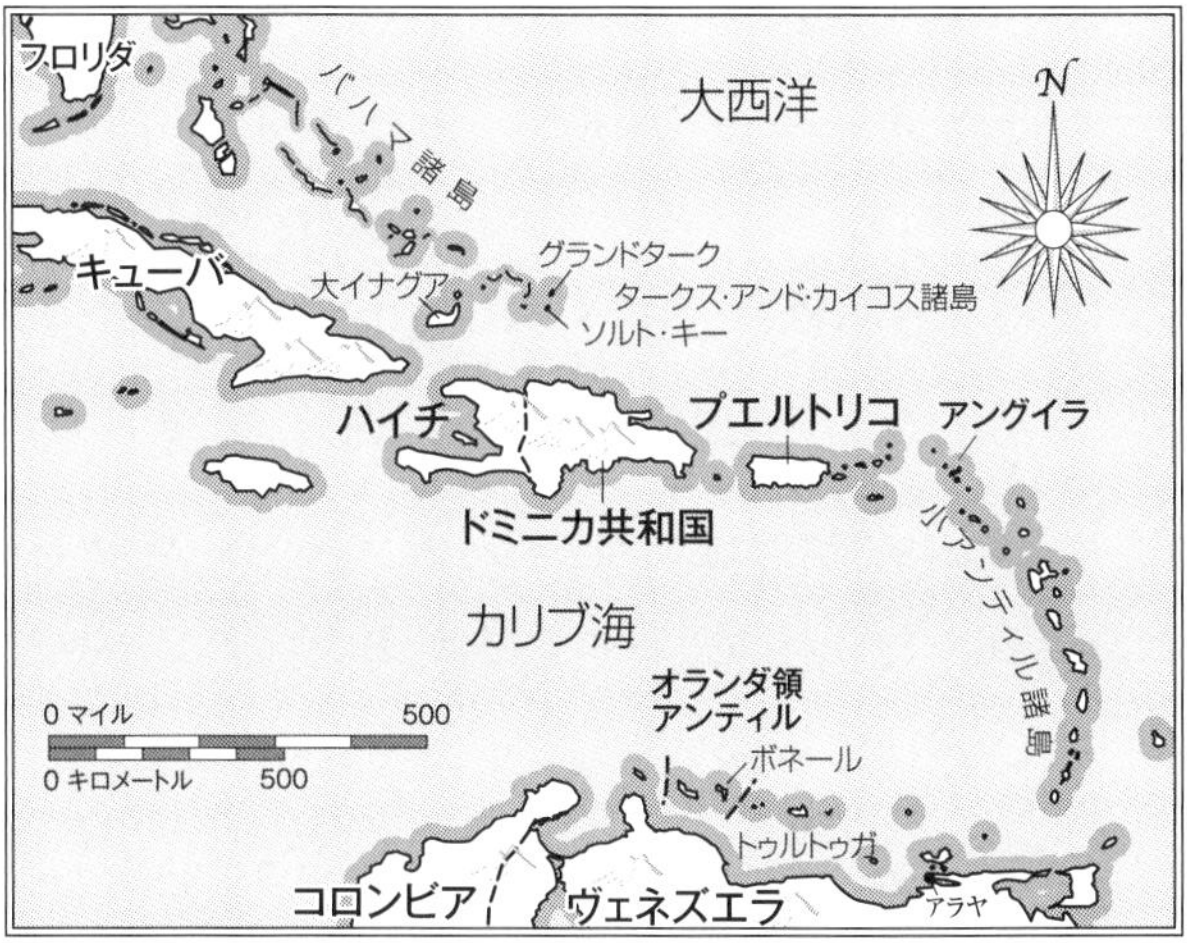

に浮かぶ多数の小さな島に立ち寄り、漁業用の塩を採取していた。バーミューダの塩の生産量を上げるチャンスだった。

だがバーミューダの気候は、海塩を豊富に生産するには気温も日照も不十分だった。その代わり、スギがあった。もとはほとんどがデヴォン出身の船乗りだったバーミューダの島民は、スギから小型で船足の速いスループ帆船を作った。ニューイングランドの漁師がスクーナーを発明する十八世紀初頭までは、大きくふくらむ一本マストのバーミューダのスループ帆船が最速最良の帆船とされ、軍艦を追い越すこともできた。このスループ帆船がカリブ海と北アメリカの植民地のあいだの貿易の大半をになない、リヴァプール、西アフリカ間の貿易でも活躍した。

カリブ海から北アメリカに運ばれる積荷で、砂糖、糖蜜、ラムよりも高い割合を占めたのが塩である。北アメリカからカリブ海にもどる船の積荷では、サトウキビ・プランテーションの奴隷に与える塩漬けの魚が一番多かった。

バハマ諸島の南部やその南に広がるタークス・アンド・カイコス諸島には半塩水の湖があり、大イナグア、ターク、サウス・カイコス、ソルト・キーといった島には塩作りに最適の湖があった。コロンブスおよびあとに続くスペイン人たちがすでに先住民を全滅させていたので、これらの島にはほとんど住む者もなく、製塩の中心地にするのは容易だった。

大イナグアはまず、スペインとオランダの塩の採集地になった。スペイン人がわずかに生き残っていた部族を皆殺しにすると、そこは無人の島になり、さまざまな国から来た水兵が塩を採って船に積んだ。スペイン人はこの島を、「水中の」を意味する「イナグア」と名づけた。一八〇三年、平坦で草が多い島の一端にある塩の池のほとりに、バーミューダから塩を集めに来た者たちが小さな町マシュー・タウンを作った。

最初に来た人間たちは、池のふちで塩水が蒸発してできた塩だけをすくった。乗組員は島に立ち寄ると、数カ月から一年滞在して塩を集めた。そのあいだ、船長と三、四人の奴隷が海に出てウミガメを捕ったり、難破船をあさったり、海賊やほかの島の人間と取引するのだった。ぐらぐらした岩のかげや海図に載っていない浅瀬に隠れて船をおびき寄せ、難破させて船荷を略奪することもあった。

十八世紀のバーミューダ総督は、こんな不平をもらしている。「カイコスでの交易に熱中する者たちは、こそ泥、略奪、破壊の誘惑に勝てず、残忍さを発揮せずにはいられなかった」。総督はまた、自由人の水兵が塩を集めているあいだに奴隷に略奪させることについても懸念した。「黒人は、私的海賊のように公然とふるまうことを覚えてしまった」

船長と奴隷が数カ月がかりで実入りの多い冒険を終えてしまうと、船はまた乗組員を乗せ、満載した塩を北アメリカの植民地に売りに行くのだった。

一六五〇年代、バーミューダのイギリス人植民者は、小さな砂漠の島グランドターク、その隣りの長さ三・二キロ、幅二・四キロの島ソルト・キーに南下した。ソルト・キーでは島の三分の一を半塩水の池が占め、池をさらいに来る船があとを絶たなかった。一六六〇年代、バーミューダ島民は塩の採集を乾燥した夏季に限定することで、組織的な開発に着手する。

一六七三年には、バーミューダ島民がソルト・キーまで来て塩を集めるのは日常的になっていた。五年後、やや大型の島タークやグランドタークでも——島のサボテンがトルコのターバンに似ているというので、「ターク」と命名された——塩集めはより組織的になった。しかし冬になるとスペイン人が来て、塩集め用の道具を盗み、小屋を破壊した。一七〇〇年代初頭、バーミューダの島民は自分たちの財産を守るために、ソルト・キーで暮らすようになる。石の船着場がある小さな港は、いつできたか判明してないが、タークス・アンド・カイコスでは一番暴風に強い港で、荷揚げするために船が数週間停泊するには安全な場所だった。だが船が大型化するにつれ、この港の水深では足りなくなった。沖合に停泊する母船まで荷物を運ぶための、軽量の船を使わなくてはならなかった。

ソルト・キーで塩作りをする者は、池と水門のシステムを作りあげた。これは毎年、何週間もかけて点検、修繕しなければならず、塩に腐食されて水がもることのないように、排水して石や粘土の底面を修理した。そのあとまた塩水を満たし、時間のかかる天日乾燥を開始するのだ。

バーミユーダから来た製塩業者は、厚い壁がピラミッド型の石造りの屋根を支える、バーミユーダ・スタイルの大きな石の家を建てた。重量のある屋根はハリケーンで飛ばないように設計された。マホガニー製の家具が島に運ばれた。これが奴隷を所有するプランテーションの領主の邸宅だが、そこにはヴァージニアのタバコ・プランテーション、アラバマの綿花プランテーション、西インド諸島の砂糖プランテーションに見られる屋敷の優雅さはかけらもなかった。

製塩業者の家には、東側に塩の池を見張るためのポーチがあり、西側には荷揚げする船着場を見張るためのポーチがあった。マナーハウスはかならず船着場のわきに建てられた。人任せにできない貴重な塩は、地下一階に貯蔵するものだった。だが窓のない地上一階には床板がなかったので、どの家も実質上地下に二階分の貯蔵室を持っていた。製塩業者は、塩という財産を昼夜を分かたず見張ったのだ。

複数の製塩用の池では風車が海水をくみ上げた。製塩業者は、風車も水門も自宅の鍛冶場で管理した。奴隷が家庭菜園で野菜を育てたが、塩水を煮詰める燃料用にどんどん木が切り倒されるので、土壌はやせるいっぽうだった。島は暑く乾燥して草木がとぼしく、食物はおろか飲み水にも事欠くようになった。

一七九〇年、スタッブズという男がイギリス支配に恭順の意を表して北アメリカの植民地を離れ、兄トーマス・スタッブズを呼び寄せ、タークス・アンド・カイコス諸島の一つプロヴィデンシャルズに定住した。スタッブズ家はチェシャーの製塩業者だったが、兄弟は西インド諸島の入植者としての新しい生活を望んだのだ。農園を作ってチェシャー・ホールと呼び、リュウゼツランの一種で麻の代わりとなるサイザルアサの栽培を試みた。だが栽培は失敗に終わった。次にカイトウメンの栽培に挑戦したが、それも育たなかった。この小さなやせた島では、塩作り以外にやれることはないのだ。塩を作る者は家畜を連れてきた。波止場までの塩の荷物の運搬をロバにやらせ、食用に牛を飼った。

小さな塩作りの島々にあるものといえば、塩の運搬用の小道、日光、そして海水を吸い込む沼地だけだった。それでもしばし島は栄えた。大英帝国が塩を必要としたからである。

第十三章　塩と独立

イギリス人もオランダ人もフランス人も、塩を探した。この魔法の万能薬を見つけさえすれば、魚があふれる北アメリカの海を無尽蔵の宝物庫に変えることができるのだ。オランダは植民を奨励し、一六六〇年には入植者に、ニューアムステルダム（現コニーアイランド）近くの小さな島に製塩所を作る許可を与えた。フランス人は先住民から、塩なめ場や塩泉や塩沼の場所を聞き出した。当時すでにあった製塩所を、オノンダガ（現ニューヨーク州）やショーニータウン（現イリノイ州）も含めてかなり利用した。

一六一四年、ジョン・スミス船長は、ペノブスコット湾からケープコッドにかけて、ニューイングランドの海岸を探索していた。彼はジェームズタウンの第一期入植者百五人の一人で、北アメリカへのイギリス人の入植に力をそそぎ、ヴァージニアとチェサピーク湾を地図に記した。ヴァージニアとニューイングランドに関する地図と案内書を上梓した。魚、塩、果物、貴金属、毛皮、そして絹の生産の可能性にまで言及して、ここに定住すれば一財産築くことができると訴えている。

スミスは尊大で自慢話が好きだったが、新大陸の豊かさを表現するときはある程度控えめだった。十七世紀初頭までに、アメリカの富に関する調査報告書はかなりの数にのぼり、入植者がすぐに幻滅するとわかりそうな点についても誇張表現が目立っていた。そのため、スミスはリアリストに徹した。トルコ出征のおりねんごろになった女性の名を岬につけたことだけが、本領発揮といったところだ。だが地名入りの地図をイギリスに持って帰ると、プリンス・チャールズは岬を母の名に改め、ケープ・アンとした。

スミスは個人的には漁を好まなかったが、それが利益を生む仕事であり、入植者を引きつけることは承知していた。『ニューイングランド素描』のなかで、「ニシン、タラ、リング（タラに似た魚）は、財のもと、船荷をいっぱいにする三要素だ」とへたな散文を書き記し、多くの国が魚から得た富について数ページをさいている。自分が沿岸を探索するあいだに乗組員には漁とタラの塩漬け作業をさせ、のちにはイギリスとスペインで塩漬けのタラを売ってかなりの財をなした。あざやかに持論を証明したわけである。

ジョン・スミスの肖像画。スミスの覚書にもとづく1616年のニューイングランドの地図から（ハーバード大学ホートン図書館）

スミスはまた、イギリス領アメリカの夢を実現するために塩がいかに重要かということも理解しており、一六〇七年、ジェームズタウンに製塩所を作った。岩の多いニューイングランド沿岸を航海するうちに、港の候補地だけでなく、製塩にふさわしい場所にも目をつけていた。フランスがベイソルトを改良した方法で海塩を再蒸発させ、「ホワイト・オン・ホワイト」を作るのはイギリスにも可能だと考えた。ケープ・アンの真北にあるプラム島は、とくに良い製塩地になりそうだった。スミスが作った二十五の「良港」のリストには、ケープ・アンにある最高の港が含まれていない。九年後それはグロスターの漁業基地となり、やがてはニューイングランド一のタラの漁港に発展した。

スミスの『ニューイングランド素描』を読んだピルグリム・ファーザーズは、ニューイングランド行きを決め、行ってみて彼の記述が正確であることを確認した。記述どおりそこはタラが捕れる土地であり、塩を作ることもできた。イギリス王室がつけたケープ・アンの名に異議をとなえることはなかったものの、実際にはジェームズタウンの創始者バーソロミュー・ゴズノールドがつけたケープコッド（コッドはタラの意）という名を使った。スミスと同じように、漁によって財をなすことを目指していたのだ。一六三〇年、フランシス・ヒゲンソン牧師は『ニューイングランド・プランテーション』を著した。「この国は塩作りにふさわしい気候にめぐまれている」。だがピルグリム・ファーザーズは、塩の作り方も魚の捕り方も知らなかった。

プリマスのウィリアム・ブラッドフォード総督は、イギリスに漁業、製塩、造船に関する顧問の派遣を要請した。数年のうちにプリマスは漁業で栄えるようになった。繁栄は塩の供給量に左右された。塩の専門家はフランス式に天日乾燥用の池を掘り、粘土の盛り土をしてベイソルトを作ろうとした。だがニューイングランドの気候はこの技法に適さなかった。ブラッドフォードは、イギリスから来た専門家を「無知蒙昧で依怙地なやから」だと決めつけている。

エリザベス女王同様、マサチューセッツも安価な製塩技術を持つ者に独占権を与えることで製塩を奨励した。同州はサミュエル・ウィンスローに、十年にわたり独占的に独自の方法で製塩する許可を与えた。これがアメリカの特許第一号だと思われる。同年プリマスでは、ジョン・ジェニーが二十一年間の独占的製塩権を得ている。セーレム、ソールズベリー、グロスターで製塩所が開かれた。塩は魚の輸送だけでなく、毛皮にも必要なのだ。植民地人たちは先住民から熊、ビーバー、ムース、カワウソの毛皮を手に入れ、ヨーロッパで大量に売りさばいた。毛皮も塩漬け処理されるので、タラと同じ船で搬出されることが多かった。先住民からもっと毛皮を得ようと思ったら、イギリス側も塩の供給をふやさなければならなかった。

ニューイングランドでは、家庭用に大量の塩が必要だった。典型的なコロニアル様式のニューイングランドの家は、ニューイングランド風塩入れ型家屋と呼ばれた。家の形が、どの家庭にもある塩の容器に似ていたからだ。ニューイングランドの住民は秋になると、家畜の肉を塩漬けにした。夕食には、塩ダラか塩漬けの牛肉、キャベツ、カブをゆでたものを食べた。彼らはまた塩漬けニシンもおおいに食した。おそらくは塩の入手量がかぎられていたために、浅めに塩漬けしていぶした燻製ニシンを好んだようだ。このような初期の植民地人が狩りをするときは、オオカミの嗅覚をごまかすため、通り道に燻製ニシンを残していた。燻製ニシンが「人の注意をほかへそらすもの」を意味するようになった起源である。

裕福なヴァージニアの人々は、自分たちも家畜を飼育しているにもかかわらず、イギリス産の塩漬け牛肉を大量に輸入した。イギリスのほうが塩を持っているので、牛肉もよく塩漬けされていると考えたのだ。地元である程度塩を作り、もっと多くの量をイギリスから買いつけた。豚肉の脂肪を塩漬けする家内産業を立ち上げ、独立戦争のころにはヴァージニア・ハムは特産品として、ニューヨークやジャマイカといった植民地だけでなく、イギリスにまで売られていた。

独立戦争中、アメリカ軍の糧食だったヴァージニア・ハムは、ハムの目利きであるフランスからも評価を得ていた。独立戦争時はフランスの英雄、ハイチ革命後は独裁者となったロシャンボー侯爵は、一七八一年のヴァージニア遠征中、「フランスのハムは質においても風味においても、彼らのハムにかなわない」と語っている。

ヴァージニア州シャーロット郡で、日付のわからないレシピが見つかっている。ジェファーソン家が、モンティセロにある屋敷で食したものらしい。

《ベークド・スパイス・ハム》

うまく保存されたハムを選ぶ。一晩冷水に漬ける。いったん水をふきとってから、ひたひたの水に漬け、三時間火にかける。そのまま冷めるのを待ち、取り出して形をととのえる。鍋に入れてクローブ数本を刺し、ブラウンシュガーでおおう。オーヴンに入れ、中火で二時間焼く。途中で白ワインをかける。美味なサラダとともに供する。

しばらくのあいだ、アメリカの植民地人は持ち前の自立心から塩の自給を目指し、かなりの量を生産した。だがイギリス人による植民地の維持は、チェシャーの岩塩の発見やイギリスの塩の増産と同時期になされたことだ。当座のあいだ、イギリスはリヴァプールの塩を値下げしてアメリカ産よりも入手しやすいものとし、結果としてアメリカの塩の生産量は低下した。これがイギリスがもくろむところの植民地主義のあり方だった。

イギリスとの関係は良好な状態にあり、植民地人たちは国内で必要な塩は確保していたが、輸出品を作るには不十分だった。無論、彼らは貿易にたずさわる立場ではなかった。買うものも売るものも、すべてイギリス相手ということになっていたのだ。だがアメリカの住人は、イギリスが売りさばける以上のもの、とくに塩ダラを生産した。アメリカ人がイギリス産の塩で製品を作りつづけるかぎりは、イギリスは過剰な生産に干渉しなかった。

しかしイギリス側では、アメリカが必要とする塩をじゅうぶんに供給できないこともまれではなかった。ダニエル・コックスは一六八八年、ニュージャージーを評して、魚は大量に捕れるのに「塩不足」のせいで漁業産業が確立していないと書いている。ニュージャージーは、「天日乾燥による塩作りに精通したフランス人を多数」送るよう、フランス政府に要請した。これは、イギリスが好む植民地主義本来のあり方ではない。

アメリカの十三の植民地、とりわけヴァージニアとマサチューセッツは、大西洋沿岸諸国に地元の産物を売るようになっていた。ニューイングランドはまず塩ダラと塩漬けの毛皮を売ることから始めたが、やがて工業製品も売り、バスクのビルバオ港で鉄と地中海の商品を買い、西アフリカでタラを売って奴隷を買い、カリブ海では奴隷を売って糖蜜を入手し、西アフリカでは糖蜜で作ったラム酒を売った。

一七〇〇年代初頭、ボストンの商人はすでにイギリスに頼る必要はないと考えていた。しかしある重要な一点において、彼らはまちがっていた。徐々に大西洋横断の通商が自立的なものになり高度になっていたとはいえ、塩に関してはまだイギリス頼みだったのだ。ニューイングランド人はときおり、ほかの国からも塩を輸入していた。ビルバオでタラを売る船が、カディスでスペイン南部の塩を買いつけたり、リスボンでポルトガル産の塩を積み込んだりした。だが一七七五年、イギリス植民地の優等生として、アメリカはまだイギリスの塩に依存していた。それはリヴァプールから来るチェシャーの塩、そして大イナグア、タークソルト・キーをはじめとするイギリス植民地からの海塩だった。

大陸は一つの島に支配されるべきでない、というトーマス・ペインの主張は、次第に商人階級に受け入れられるようになっていった。アメリカの商業の発展が国家としての独立に結びつくことをおそれたイギリスは一七五九年、懲罰的な関税、税金ほかさまざまな手段により、アメリカの貿易を妨害しはじめた。アメリカが対抗手段をとると、イギリスはさらなる妨害措置をとった。一七七五年、緊張関係は頂点に達し、イギリスはトーマス・ゲージ将軍率いる三千人の軍隊をボストンに配備した。兵がボストン一帯に展開するにつれ、アメリカ側も武装して反乱軍となり、四月十九日にはコンコードとレキシントンでイギリス軍との戦闘が勃発した。イギリスに抗議すべく開かれた第一回大陸会議（一七七四年）に続き、一七七五年五月には、戦闘準備のために第二回大陸会議が開かれた。

六月、まだ会議の開催中、反乱軍がボストンを行進し、ゲージはボストン港を見下ろすブリーズヒルに五百人を除くすべての兵を投入した。ボストンを維持するというイギリス側の目的は果たされたものの、ゲージは部下の四十パーセント以上を失うこととなった。あやまってバンカーヒルの戦いと伝えられているが、これはイギリスにとって最悪の損失だった。

一七七五年夏、イギリスは反乱軍鎮圧の名目で宣戦布告、海上封鎖を断行した。たちまち深刻な塩不足となり、漁業のみならずジョージ・ワシントン率いる大陸軍の兵隊、馬、医療面すべてが打撃をこうむった。海上封鎖に加え、イギリスの陸軍は大西洋の中央に位置する植民地とアメリカの二大製塩地、ニューイングランドと南部を隔離した。あまつさえ大西洋上の製塩所を攻撃、破壊したのである。

バンカーヒルの失態によりゲージは解任され、イギリス王家の血を引く庶子ウィリアム・ハウ将軍がイギリス軍総司令官となった。一七五八年の時点で、ハウは国会議員に選出され、アメリカにたいする商業妨害措置に異議をとなえていた。イギリスの政策がやがて多くの植民地を失うことを危惧したのだ。だが今や彼はアメリカの武力弾圧を命じられていた。一七七六年八月、ハウはロングアイランドとニューヨーク市を制圧する。翌年、フィラデルフィアからワシントンを放逐。ハウはワシントンの軍と沿岸部の塩の供給地との連絡経路を断ち、ワシントンの予備の塩を獲得することに成功した。ワシントン将軍が急送公文書で「我々は塩を守るためにあらゆる手段をとる」と警告したが、効を奏さなかった。

アメリカ植民地軍は海上封鎖に対抗して、まず海水を煮詰める方法をとった。だが大量の木材を投じて煮詰めても、得られた塩の量は微々たるものだった。塩一ブッシェル

（約八ガロン）を作るために四百ガロンもの海水が必要なのだ。冬には、各家庭で海水を満たした大鍋を火にかけた。室内を暖めるために火を絶やさないのはいつものことだったから、大きな負担ではなかったが、この方法でも塩は少ししか作れない。製塩業者は潮だまりに木の杭を打ち込み、干上がったときに木に塩の結晶がつくようにした。この技法は安上がりだが、やはり成果はたいしたものではなかった。

　大陸会議は塩不足の解消を目指した法案を、複数可決した。一七七五年十二月二十九日、会議は「各植民地の議会および代表者会議にたいし、製塩の奨励を促進するよう衷心から勧告」した。

　一七七六年三月、『ペンシルヴァニア・マガジン』誌は、ブラウンリッグのベイソルト製造法に関する論文を長々と引用した。この記事はパンフレットになり、大陸会議が広く配布した。五月二十八日、会議は翌年から植民地のすべての塩の輸入業者、製塩業者に、塩一ブッシェルにつき三分の一ドルの補助金を出すことを決定。パンフレットと補助金に関する記事が出版されるや、アメリカ海岸じゅうで製塩所が稼動しはじめた。ニュージャージーは州営の製塩所の設立を考えていたが、一七七七年、あまりに多くの私立製塩所ができたため、その案を取り下げた。

　一七七七年六月、「合衆国に塩を供給する手段を考案すべく」ある委員会が設置された。十日後、委員会は各州が輸入業者にも製塩業者にも経済的優遇措置をとるべきだと提案し各製塩所は最高十人まで兵役を免除すると宣言していた。ニュージャージーは、た。十三の植民地には、すでにそれを実行しているところもあった。

政府がブラウンリッグのパンフレットを出版し、補助金の制度を定めたのにまっさきに呼応した製塩所の一つが、ケープコッドにある。もとからタラ漁でなりたつ共同体であり、海に面し風が吹くケープコッドで塩を作るのは当然の発想だった。湾側とナンタケット海峡にはさまれたこの水域は、大西洋よりも塩分濃度が高かった。

最初にデニスという町で、ジョン・シアーズが製塩所を開いた。この男は日がな一日物思いにふけっているので、「寝ぼけジョン・シアーズ」とあだ名をつけられていた。彼はセスイト港に幅三メートル長さ三十メートルの木製のバットを作ったが、隣人たちは成果を疑った。このバットは水もれがし、何週間もかかって八ブッシェルの塩しかできなかった。

隣人たちは笑ったが、寝ぼけジョン・シアーズは冬じゅうかかって、船のひびを直すように水もれのする箇所をふさいだ。一七七七年夏、深刻な塩不足を迎えたおり、彼は三十ブッシェルもの塩を作り、もはや彼をばかにする者はなかった。寝ぼけジョン・シアーズは「塩のジョン・シアーズ」になった。

翌年、イギリスの軍艦サマーセット号がケープを回ろうとした。だが沿岸線の海図は不正確で、サマーセット号は常習的に難破船をあさる土地の人々の手に落ちた。シアーズはサマーセット号の船倉ポンプを使って、塩作りのバットに海水を満たした。だがそのポンプをもってしても、塩作りには多大な人力が必要だった。戦時であればこそ、シアーズの高価な塩にも買い手がついたのだ。

近隣のハーウィッチ出身のナザニエル・フリーマンがシアーズに、風車を使って海水をくみ上げたらどうかと提案した。八世紀、シチリア島のトラパニで行なわれていたのと同じ方法だが、ケープコッドの住人は新種の妙案だと飛びついた。まもなく田舎風の風車の木製の骨組みがケープコッドの町はずれの名物となる。風車は塩風車として知られ、くみ上げた海水を管（マツの丸太をくり抜き、鉛を裏打ちしたもの）を通して蒸発用の鍋に送り込むしくみになっていた。夏のあいだしか天日乾燥ができない気候のもとでは、戦時下の困難もあり、この方法でも利を生むことになった。それでもなお、反乱に明け暮れる植民地では必要量の塩を生産できずにいた。

漁民には塩漬けすべき魚があり、農民には冬になる前に解体、塩漬けしなければならない豚と牛がいた。彼らは戦争の早期終結を願ったが、それはかなわなかった。一七八三年九月、パリ条約が結ばれるころには、独立戦争はベトナム戦争以前のアメリカでは最長の戦争となっていた。新生国家は、塩を他国に頼らねばならないことが何を意味するかという苦い記憶とともに誕生した。

（下巻につづく）

本書は『「塩」の世界史――歴史を動かした、小さな粒』
（2005年12月、扶桑社刊）を分冊したものです。

中公文庫

塩《しお》の世界史《せかいし》（上《じょう》）
——歴史《れきし》を動《うご》かした小《ちい》さな粒《つぶ》

2014年5月25日　初版発行
2018年4月25日　3刷発行

著　者　マーク・カーランスキー
訳　者　山本《やまもと》 光伸《みつのぶ》
発行者　大橋 善光
発行所　中央公論新社
〒100-8152　東京都千代田区大手町1-7-1
電話　販売 03-5299-1730　編集 03-5299-1890
URL http://www.chuko.co.jp/

ＤＴＰ　平面惑星
印　刷　三晃印刷
製　本　小泉製本

Published by CHUOKORON-SHINSHA, INC.
Printed in Japan　ISBN978-4-12-205949-8 C1120

中公文庫既刊より

各書目の下段の数字はISBNコードです。978−4−12が省略してあります。

コ-7-1
若い読者のための世界史（上）原始から現代まで
E・H・ゴンブリッチ
中山典夫 訳
歴史は「昔、むかし」あった物語である。さあ、いまからその昔話をはじめよう——若き美術史家ゴンブリッチが、やさしく語りかける、物語としての世界史。
205635-0

コ-7-2
若い読者のための世界史（下）原始から現代まで
E・H・ゴンブリッチ
中山典夫 訳
私たちが知るのはただ、歴史の川の流れが未知の海へ向かって流れていることである——美術史家が若い世代に手渡す、いきいきと躍動する物語としての世界史。
205636-7

マ-10-1
疫病と世界史（上）
W・H・マクニール
佐々木昭夫 訳
疫病は世界の文明の興亡にどのような影響を与えてきたのか。紀元前五〇〇年から紀元一二〇〇年まで、人類の歴史を大きく動かした感染症の流行を見る。
204954-3

マ-10-2
疫病と世界史（下）
W・H・マクニール
佐々木昭夫 訳
これまで歴史家が着目してこなかった「疫病」に焦点をあて、独自の史観で古代から現代までの歴史を見直す好著。紀元一二〇〇年以降の疫病と世界史。
204955-0

マ-10-3
世界史（上）
W・H・マクニール
増田義郎
佐々木昭夫 訳
世界の各地域を平等な目で眺め、相関関係を分析しながら歴史の歩みを独自の史観で描き出した、定評ある世界史。ユーラシアの文明誕生から紀元一五〇〇年までを彩る四大文明と周縁部。
204966-6

マ-10-4
世界史（下）
W・H・マクニール
増田義郎
佐々木昭夫 訳
俯瞰的な視座から世界の文明の流れをコンパクトにまとめ、歴史のダイナミズムを描き出した名著。西欧文明の興隆と変貌から、地球規模でのコスモポリタニズムまで。
204967-3

マ-10-5
戦争の世界史（上）技術と軍隊と社会
W・H・マクニール
高橋均 訳
軍事技術は人間社会にどのような影響を及ぼしてきたのか。大家が長年あたためてきた野心作。上巻は古代文明から仏革命と英産業革命が及ぼした影響まで。
205897-2

マ-10-6
戦争の世界史（下）技術と軍隊と社会
W・H・マクニール
高橋　均　訳
軍事技術の発展はやがて制御しきれない破壊力を生み、人類は怯えながら軍備を競う。下巻は戦争の産業化から冷戦時代、現代の難局と未来を予測する結論まで。
205898-9

タ-7-1
愚行の世界史（上）トロイアからベトナムまで
B・W・タックマン
大社淑子　訳
国王や政治家たちは、なぜ国民の利益と反する政策を推し進めてしまうのか。世界史上に名高い四つの事件を詳述し、失政の原因とメカニズムを探る。
205245-1

タ-7-2
愚行の世界史（下）トロイアからベトナムまで
B・W・タックマン
大社淑子　訳
歴史家タックマンが俎上にのせたのは、ルネサンス期教皇庁の堕落、アメリカ合衆国独立を招いた英国議会の奢り。そして最後にベトナム戦争をとりあげる。
205246-8

コ-6-1
海賊の世界史（上）
フィリップ・ゴス
朝比奈一郎　訳
海賊は実在した男たちである。歴史と文学にまたがる領域から広く資料をあさり、彼らの存在を全般的に扱った海賊史研究の比類なき書物、待望の復刊。
205358-8

コ-6-2
海賊の世界史（下）
フィリップ・ゴス
朝比奈一郎　訳
彼らはロマンティックなアウトローのイメージが強い一方で、国家権力さえ手をやく戦慄すべきやからであった。その興亡と歴史的背景を明快に綴る。
205359-5

カ-2-2
ガンジー自伝
マハトマ・ガンジー
蠟山芳郎　訳
真実と非暴力を信奉しつづけ、祖国インドの独立に生涯を賭したガンジー。民衆から聖人と慕われた偉大なる魂が、その激動の生涯を自ら語る。〈解説〉松岡正剛
204330-5

シ-8-1
エンデュアランス号漂流記
シャクルトン
木村義昌
谷口善也　訳
初の南極大陸横断を企てた英国のシャクルトンによる探検記。遭難し氷海に投げ出されて孤立無援となった探検隊を率い、全員を生還させるまでを描く。
204225-4

ハ-6-1
チャリング・クロス街84番地　書物を愛する人のための本
ヘレーン・ハンフ　編著
江藤　淳　訳
ロンドンの古書店とアメリカの一女性との二十年にわたる心温まる交流――書物を読む喜びと思いやりに満ちた爽やかな一冊を真に書物を愛する人に贈る。
201163-2

各書目の下段の数字はISBNコードです。978－4－12が省略してあります。

フ-15-1
ケルト神話の世界（上）
ヤン・ブレキリアン
田中仁彦
山邑久仁子 訳
秘儀、冒険、天変地異、神々の戦い、宿命の恋。キリスト教文明に封印された波瀾万丈の物語を甦らせ、ヨーロッパ文明はギリシャ・ローマの後裔という固定観念を覆した衝撃の書。
205525-4

フ-15-2
ケルト神話の世界（下）
ヤン・ブレキリアン
田中仁彦
山邑久仁子 訳
不死と再生の大釜。聖杯探求という試練。トリスタンとイズーの愛。アーサー王伝説。そして永遠の至福。豊饒なる物語世界に我々が学ぶべきものとは。
205526-1

へ-5-2
さまよえる湖
スヴェン・ヘディン
鈴木啓造 訳
古代の史書に名をとどめるロプ湖の謎を突きとめるため、ヘディンとその一行は中央アジアの不毛の砂漠に立ち向かった。ヘディン最後の大冒険の記録。
203922-3

へ-5-3
シルクロード
スヴェン・ヘディン
西　義之 訳
北京からゴビ砂漠を経てハミへ。ウルムチでの幽囚を経て西安へ。最後の大旅行の全行程を「道」をテーマに綴った、西域自動車遠征隊3部作の第2部。
204187-5

ホ-1-1
ホモ・ルーデンス
ホイジンガ
高橋英夫 訳
人類文化は遊びのなかで遊びとして生まれ発展した。「遊びの相の下に」人類文化の根源を明らかにした、二十世紀の最高の文化史論と謳われる不朽の名著。
200025-4

ホ-1-3
中世の秋（上）
ホイジンガ
堀越孝一 訳
二十世紀最高の歴史家が、中世人の意識をいろどる絶望と歓喜、残虐と敬虔との対極的な激情をとらえ中世文化の熟しきった華麗な全体像を精細に描く。
200372-9

ホ-1-4
中世の秋（下）
ホイジンガ
堀越孝一 訳
二十世紀最高の歴史家が、中世文化の熟しきった華麗な全体像を精細に描く。本巻では「信仰の感受性と想像力」「生活のなかの芸術」「美の感覚」などを収録。
200382-8

テ-3-2
ペスト
ダニエル・デフォー
平井正穂 訳
極限状況下におかれたロンドンの市民たちを描いて、カミュの『ペスト』以上に現代的でなまなましいと評される、十七世紀英国の鬼気せまる名篇の完訳。
205184-3

テ-3-3

完訳 ロビンソン・クルーソー

ダニエル・デフォー
増田義郎 訳・解説

無人島に漂着したロビンソンは、持ち前の才覚と粘り強さを武器に生活を切り開く。文化史研究の第一人者が不朽の名作を世界経済から読み解く、新訳・解説決定版。

205388-5

ロ-5-1

ロブション自伝

J・ロブション
伊藤 文 訳

世界一のシェフが偏食の少年時代、怒濤の修業、三つ星を負った苦悩、日本への思い、フリーメイソン、引退・復活の真相を告白。最新インタビュー付。

204999-4

S-22-1

世界の歴史1
人類の起原と古代オリエント

大貫良夫／前川和也
渡辺和子／屋形禎亮

人類という生物の起原はどこにあるのか。文明はいかに生まれ発展したのか。メソポタミアやアッシリア、エジプトなど各地の遺跡や発掘資料から人類史の謎に迫る。

205145-4

S-22-2

世界の歴史2
中華文明の誕生

尾形 勇
平勢隆郎

古代史書を繙き直す試みが中国史を根底から覆す。甲骨文から始皇帝、項羽と劉邦、三国志の英傑まで、沸騰する中華文明の創世記を史料にもとづき活写。

205185-0

S-22-3

世界の歴史3
古代インドの文明と社会

山崎元一

ヒンドゥー教とカースト制度を重要な要素とするインド亜大陸。多様性と一貫性を内包した、インド文化圏の成り立ちを詳説する。

205170-6

S-22-4

世界の歴史4
オリエント世界の発展

小川英雄
山本由美子

ユダヤ教が拡がるイスラエル、日本まで伝播したペルシア文明、芸術の華開くヘレニズム世界。各王朝の盛衰を、考古学の成果をもとに活写する。

205253-6

S-22-5

世界の歴史5
ギリシアとローマ

桜井万里子
本村凌二

オリエントの辺境から出発し、ポリス民主政を成立させたギリシア、地中海の覇者となったローマ。人類の偉大な古典となった文明の盛衰。

205312-0

S-22-6

世界の歴史6
隋唐帝国と古代朝鮮

礪波 護
武田幸男

古代日本に大きな影響を与えた隋唐時代の中国、そして古代朝鮮の動向と宗教・文化の流れを描き、密接にかかわりあう東アジア世界を新たに捉え直す。

205000-6

各書目の下段の数字はISBNコードです。978－4－12が省略してあります。

S-22-7
世界の歴史7 宋と中央ユーラシア
伊原弘　梅村坦
宋代社会では華麗な都市文化が花開き、中央アジアの大草原では、後にモンゴルに発展する巨大なエネルギーが育まれていた。異質な文明が交錯した世界を活写。
204997-0

S-22-8
世界の歴史8 イスラーム世界の興隆
佐藤次高
ムハンマドにはじまるイスラームは、瞬く間にアジア、地中海世界を席捲した。様々な民族を受容して繁栄する王朝、活発な商業活動、華麗な都市文化を描く。
205079-2

S-22-9
世界の歴史9 大モンゴルの時代
杉山正明　北川誠一
ユーラシアの東西を席捲した史上最大・最強の大帝国モンゴルの、たぐいまれな統治システム、柔軟な経済政策などの知られざる実像を生き生きと描き出す。
205044-0

S-22-10
世界の歴史10 西ヨーロッパ世界の形成
佐藤彰一　池上俊一
ヨーロッパ社会が形成された中世は暗黒時代ではなかった。民族大移動、権威をたかめるキリスト教、そして十字軍遠征、百年戦争と、千年の歴史を活写。
205098-3

S-22-11
世界の歴史11 ビザンツとスラヴ
井上浩一　栗生沢猛夫
ビザンツ帝国が千年の歴史を刻むことができたのはなぜか。東欧とロシアにおけるスラヴ民族の歩みと、紛争のもととなる複雑な地域性はどう形成されたのか。
205157-7

S-22-12
世界の歴史12 明清と李朝の時代
岸本美緒　宮嶋博史
大帝国明と、それにとってかわった清。そして、朝鮮半島は李朝の時代をむかえる。「家」を主体にした近世の社会は、西洋との軋轢の中きしみ始める。
205054-9

S-22-13
世界の歴史13 東南アジアの伝統と発展
石澤良昭　生田滋
古来西洋と東洋の交易の中継地として、特色豊かな数々の文化を発展させた東南アジア諸国。先史時代から20世紀までの歴史を豊富な図版とともに詳説。
205221-5

S-22-14
世界の歴史14 ムガル帝国から英領インドへ
佐藤正哲　中里成章　水島司
ヒンドゥーとムスリムの相克と融和を課題とした諸王朝の盛衰や、イギリスの進出、植民地政策下での葛藤など、激動のインドを臨場感豊かに描き出す。
205126-3

S-22-15
世界の歴史15
成熟のイスラーム社会
永田雄三
羽田正
十六、七世紀、世界の人々が行き交うイスタンブルとイスファハーンの繁栄。イスラーム世界に花咲いたオスマン帝国とイラン高原サファヴィー朝の全貌を示す。
205030-3

S-22-16
世界の歴史16
ルネサンスと地中海
樺山紘一
地中海から大西洋へ――二つの海をめぐって光と影が複雑に交錯する。ルネサンスと大航海、燦然と輝いた時代を彩る多様な人物と歴史を活写する。
204968-0

S-22-17
世界の歴史17
ヨーロッパ近世の開花
長谷川輝夫
大久保桂子
土肥恒之
宗教改革と三十年戦争の嵐が吹き荒れたヨーロッパ、そしてロシア。輝ける啓蒙文化を背景に、大国へと変貌してゆく各国の興隆を、鮮やかに描きだす。
205115-7

S-22-18
世界の歴史18
ラテンアメリカ文明の興亡
高橋均
網野徹哉
インカの神話的社会がスペイン人と遭遇し、交錯する文化と血が、独立と自由を激しく求めて現代へと至る。蠱惑の大陸、ラテンアメリカ一万年の歴史。
205237-6

S-22-19
世界の歴史19
中華帝国の危機
並木頼寿
井上裕正
香港はいかにしてイギリス植民地となったのか。19世紀、アヘン戦争前後から列強の覇権競争と国内の大動乱に直面して「近代」を探っていった「中華帝国」の人びとの苦闘の歩み。
205102-7

S-22-20
世界の歴史20
近代イスラームの挑戦
山内昌之
19世紀、西欧の帝国主義により、イスラーム世界は危機に陥る。明治維新期の日本と無縁ではない改革運動と近代化への挑戦の道を、現代イスラームの民族問題とつなげて捉える。
204982-6

S-22-21
世界の歴史21
アメリカとフランスの革命
五十嵐武士
福井憲彦
世界に衝撃をあたえ、近代市民社会のゆく手を切り拓いた二つの革命は、どのように完遂されたのか。思想の推移、社会の激変、ゆれ動く民衆の姿を、新たな視点から克明に描写。
205019-8

S-22-22
世界の歴史22
近代ヨーロッパの情熱と苦悩
谷川稔／北原敦
鈴木健夫／村岡健次
流血の政治革命、国家統一の歓喜、陶酔をもたらす帝国主義、そして急速な工業化。自由主義の惑いのなか、十九世紀西欧が辿った輝ける近代化の光と闇。
205129-4

各書目の下段の数字はISBNコードです。978－4－12が省略してあります。

S-22-23
世界の歴史23
アメリカ合衆国の膨張
紀平英作
亀井俊介
南北戦争終結後、世界第一の工業国へと変貌した合衆国。政党政治の成熟、ダイナミックな文化の発展を経て、第一次世界大戦に至るまでを活写する。
205067-9

S-22-24
世界の歴史24
アフリカの民族と社会
福井勝義
赤阪賢
大塚和夫
36億年の歴史と、人類誕生の謎を秘めたアフリカ。人類学の成果を得て、躍動する大陸の先史時代から暗黒の時代を経た現在までを詳述する。
205289-5

S-22-25
世界の歴史25
アジアと欧米世界
加藤祐三
川北稔
人間の限りない欲望を背景にして人、物、金が世界を巡り、アジアと欧米は一つの世界システムを構成していく。海洋を舞台に、近代世界の転換期を描く。
205305-2

S-22-26
世界の歴史26
世界大戦と現代文化の開幕
木村靖二
柴宜弘
長沼秀世
世界恐慌の発信地アメリカ、ヒットラーが政権を握ったドイツ、スターリン率いるソ連を中心に、第二次世界大戦前の混迷する世界を描く。
205194-2

S-22-27
世界の歴史27
自立へ向かうアジア
狭間直樹
長崎暢子
反乱、革命、独立への叫び。帝国主義列強の軛から逃れ、二度の世界大戦を経て新しい国づくりに向かうアジアの夜明けを、中国、インドを中心に綴る。
205205-5

S-22-28
世界の歴史28
第二次世界大戦から米ソ対立へ
油井大三郎
古田元夫
第二次世界大戦の勃発、原爆投下、植民地独立、冷戦時代の幕開け、ベトナム戦争に介入したアメリカの敗北――激しく揺れ動く現代史の意味を問う。
205276-5

S-22-29
世界の歴史29
冷戦と経済繁栄
猪木武徳
高橋進
二十世紀後半、経済的繁栄の一方、資本主義と共産主義の対立、人口増加や環境破壊など、かつてない問題が生まれていた。冷戦の始まりからドイツ統一まで。
205324-3

S-22-30
世界の歴史30
新世紀の世界と日本
下斗米伸夫
北岡伸一
グローバリズムの潮流と紛争の続く地域問題の間で、新世紀はどこへ向かうのか？　核削減や軍縮・環境問題・情報化などの課題も踏まえ、現代の新たな指標を探る。
205334-2